Eduard Diez-Lledó

Diagnostic et pronostic de défaillances dans des moteur d'avion

Eduard Diez-Lledó

Diagnostic et pronostic de défaillances dans des moteur d'avion

Proposition d'une méthode couplant techniques de diagnostic et pronostic de défaillances vers une maintenance adaptative

Presses Académiques Francophones

Impressum / Mentions légales
Bibliografische Information der Deutschen Nationalbibliothek: Die Deutsche Nationalbibliothek verzeichnet diese Publikation in der Deutschen Nationalbibliografie; detaillierte bibliografische Daten sind im Internet über http://dnb.d-nb.de abrufbar.
Alle in diesem Buch genannten Marken und Produktnamen unterliegen warenzeichen-, marken- oder patentrechtlichem Schutz bzw. sind Warenzeichen oder eingetragene Warenzeichen der jeweiligen Inhaber. Die Wiedergabe von Marken, Produktnamen, Gebrauchsnamen, Handelsnamen, Warenbezeichnungen u.s.w. in diesem Werk berechtigt auch ohne besondere Kennzeichnung nicht zu der Annahme, dass solche Namen im Sinne der Warenzeichen- und Markenschutzgesetzgebung als frei zu betrachten wären und daher von jedermann benutzt werden dürften.

Information bibliographique publiée par la Deutsche Nationalbibliothek: La Deutsche Nationalbibliothek inscrit cette publication à la Deutsche Nationalbibliografie; des données bibliographiques détaillées sont disponibles sur internet à l'adresse http://dnb.d-nb.de.
Toutes marques et noms de produits mentionnés dans ce livre demeurent sous la protection des marques, des marques déposées et des brevets, et sont des marques ou des marques déposées de leurs détenteurs respectifs. L'utilisation des marques, noms de produits, noms communs, noms commerciaux, descriptions de produits, etc, même sans qu'ils soient mentionnés de façon particulière dans ce livre ne signifie en aucune façon que ces noms peuvent être utilisés sans restriction à l'égard de la législation pour la protection des marques et des marques déposées et pourraient donc être utilisés par quiconque.

Coverbild / Photo de couverture: www.ingimage.com

Verlag / Editeur:
Presses Académiques Francophones
ist ein Imprint der / est une marque déposée de
OmniScriptum GmbH & Co. KG
Heinrich-Böcking-Str. 6-8, 66121 Saarbrücken, Deutschland / Allemagne
Email: info@presses-academiques.com

Herstellung: siehe letzte Seite /
Impression: voir la dernière page
ISBN: 978-3-8381-4400-9

Copyright / Droit d'auteur © 2014 OmniScriptum GmbH & Co. KG
Alle Rechte vorbehalten. / Tous droits réservés. Saarbrücken 2014

TABLE DE MATIERES

LISTE DE FIGURES

LISTE DE TABLEAUX

1. CHAPITRE I : CONTEXTE DE L'ETUDE

1.1. Introduction

Les compagnies industrielles sont aujourd'hui confrontées à une grande concurrence dans le marché pour accomplir les demandes de leurs clients en termes de service, qualité du produit et performance. La maintenance se trouve comme la clé de cette course vers l'objectif de fournir un service de qualité en conservant la viabilité du fonctionnement et la sureté de fonctionnement. Les compagnies ariennes sont particulièrement concernées, car les opérations de maintenance représentent le 15% des couts directs d'opérations, au même niveau des couts de carburant (15%) ou de personnel (18%), et notamment plus élevés que d'autres couts comme les assurances ou les taxes aéroportuaires (TATEM, 2005).

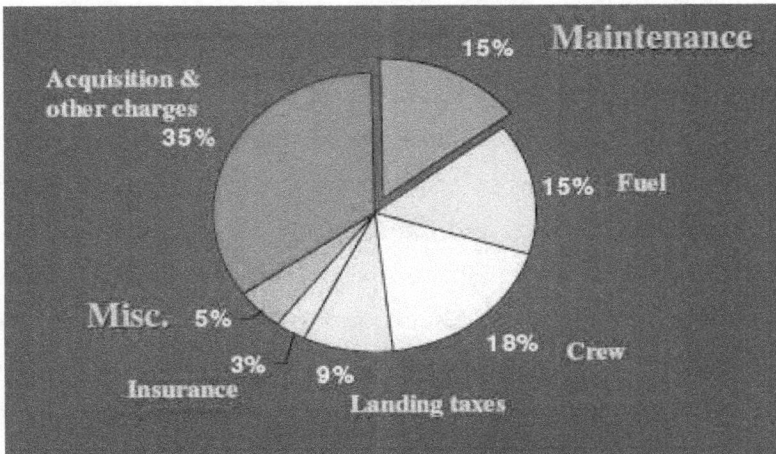

Figure 1 Couts directs d'opération

Dans la figure ci-dessus, fournie par un avionneur européen, on apprécie l'importance de la maintenance dans le cout du fonctionnement global.

Les opérations de maintenance réalisées sur les systèmes et composants aéronautiques sont aujourd'hui programmées en base aux TBO (Time Between Overhaul) ou temps entre inspections, qui sont calculés en fonction des MTBF (Mean Time Between Failures) ou MTTF (Mean Time To Failure), variable statistique représentative de la vie utile moyenne du système ou composant. Alors, l'optimisation du cout et de la fréquence des interventions de maintenance poussent les compagnies aériennes à mettre en œuvre de nouvelles méthodologies de surveillance avec l'objectif de réduire les couts directs des opérations de maintenance dans le secteur aéronautique. Pour saisir cet objectif, deux tactiques de base, et complémentaires entre elles, sont abordées : éviter les opérations de maintenance non programmées, et éviter les TBO surabondants. Le système de diagnostic embarqué dans l'avion avertit le pilot des défaillances détectées en vol, qui causent les opérations de maintenance imprévues mentionnées. Ces opérations de maintenance imprévues conduisent à des retards et annulations des vols (D&C ou Delay and Cancellation), des décollages avortés (ATO ou Aborted Take Off) ou à des atterrissages d'émergence pendant le vol (In-Flight Shut Down ou IFSD). Également, le diagnostic fourni par le calculateur de l'avion peut se découvrir comme un diagnostic erroné une fois l'avion se trouve au sol prêt à être réparer, ce qu'on appelle un diagnostic final de NFF (No Fault Found ou défaillance non trouvée). Ces situations indésirables ne provoquent pas qu'un cout économique mais aussi des problèmes de sureté sous la forme d'accidents, dont le 15% sont occasionnés pour ces problèmes de maintenance. Dans le deuxième cas, les TBO programmées provoquent des maintenances surabondantes ou non nécessaires provoquant des pertes économiques.

La solution pour attaquer ce problème passe par deux concepts : l'amélioration de la supervision et du diagnostic des défaillances et l'introduction de l'idée de pronostic de défaillances, ou PHM (Prognostic and Health Monitoring), dans le but de réaliser une maintenance adaptative des systèmes et des composants de l'appareil, autrement dit CBM (Conditioned-Based Maintenance). Traditionnellement, les algorithmes et technologies pour la surveillance de systèmes aéronautiques ont été consacrés à la détection et isolation de défaillances. Pourtant, ces technologies pourraient être eu plus utilisées comme la base pour des applications qui non seulement puissent diagnostiquer les défaillances mais aussi prédire leur évolution et progression au cours de la vie du système, en combinant le diagnostic de l'état actuel avec la connaissance à priori du système, par exemple, des tests de fiabilité. Or, le nouveau concept à introduire est la maintenance prédictive en faisant travailler en étroite relation le diagnostic et le pronostic. Ainsi, en base à cette idée, nous obtiendrions une technologie capable de diagnostiquer les défaillances du type défaillances brusques (*hard failures*) ou brusques liées à des événements inopinés, et aussi de pronostiquer les défaillances du type '*soft failures*' qui soient liées aux phénomènes de vieillissement ou dégradation. En conséquence, une maintenance du type CBM pourrait être appliquée en éliminant ainsi les TBO surabondants et surtout en prévoyant les opérations de maintenance d'après les nécessités du système.

1.2. Le projet européen TATEM

1.2.1. L'organisation du projet

Le travail présenté dans ce mémoire a été réalisé en partie dans le cadre du projet européen TATEM, dans le but d'apporter des méthodes pour améliorer la surveillance en vue d'une maintenance prédictive.

Le projet TATEM (Techniques And Technologies for nEw Maintenance) fut conçu avec l'objectif de réduire les couts directs des opérations de maintenance dans les systèmes et sous-systèmes aéronautiques. Le projet est divisé en plusieurs tâches et sous-tâches correspondant aux différentes systèmes et sous-systèmes critiques sujets à la maintenance prédictive ou surveillance de la dégradation, en particulier les structures du fuselage de l'avion, les systèmes de freinage, les systèmes électriques et les moteurs. Les travaux de cette thèse sont encadrés dans la tâche 7410 correspondant à la maintenance de sous-systèmes, composants et équipements du moteur d'avion, tâche encadrée à son tour dans la tâche globale 7400 relative à l'ensemble du moteur.

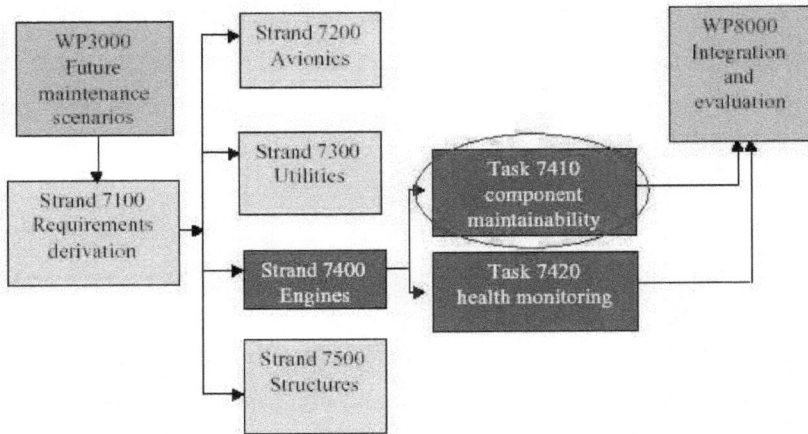

Figure 2 Organisation du projet TATEM

La tâche 7410 est développée en collaboration entre des laboratoires de recherche et des entreprises dans le but d'offrir de solutions au problème de la maintenance ajustées aux nécessités du secteur. Le leader de la tâche est l'entreprise Hispano-Suiza, faisant partie du Groupe Safran (anciennement SNECMA, Société Nationale d'Etude et Conception de Moteurs Aéronautiques, France). Hispano-Suiza appartient à la branche des équipements aérospatiaux, spécialiste des systèmes de commande et équipements pour la propulsion aéronautique et spatiale, comprenant trois divisions : moteurs civils (CFM56, CF6, GE90), moteurs militaires (M53, M88, Larzac, Tyne) et moteurs fusées. En collaboration avec Hispano-Suiza, l'entreprise TechspaceAero (Belgique) elle aussi dans le Groupe Safran, est responsable du système de lubrification incorporé dans les moteurs. La société INASCO (Grèce), laboratoire consacré à la conception de capteurs et systèmes aéronautiques, INAS (Roumanie), dédié à la

17

modélisation de systèmes à base de logiciels graphiques CAD. Le groupe DISCO du LAAS-CNRS (France) est le laboratoire universitaire en charge de fournir les algorithmes et méthodes de diagnostic et pronostic.

1.3. Objectifs

Commençons avec quelques définitions basiques du domaine de la fiabilité qui vont apparaître tout au long de la thèse. Ultérieurement, ces concepts seront étendus et complétés dans le chapitre consacré à l'étude du vieillissement et du pronostic. Nonobstant, l'introduction de ces concepts nous aidera à mieux expliquer le concept de base des opérations de maintenance dans le domaine aéronautique.

Les essais de vie du système sont des tests dont le but est de déterminer soit une variable caractéristique de la fiabilité du système (*determination test*), soit d'assurer que cette variable caractéristique de fiabilité, déjà connue, rentre dans le gabarit d'acceptation (*compliance test*). Souvent, les essais de vie ne peuvent pas être réalisés à cause de la longue durée de vie moyenne du système. *Les essais accélérés* sont des essais de vie dans lesquels les systèmes sont testés dans de conditions de travail plus sévères à fin d'accélérer le processus de dégradation et vieillissement du système. Ces essais accélérés sont conçus en s'appuyant sur le modèle exponentiel d'Arrhenius ou le modèle de la puissance inverse de Weibull (Griful et al., 2001), dont les expressions mathématiques sont présentées par l'équation (1) correspondante à

celle de d'Arrhenius, et par l'équation (2), correspondante à celle de
Weibull.

$$\theta(t) = A \cdot e^{B/t} \; ; \; \mu = \ln[\theta(t)] = \gamma_0 + \frac{\gamma_1}{t} \qquad (1)$$

$$\theta(t) = K \cdot t^{-N} \; ; \; \mu = \ln[\theta(t)] = \gamma_0 + \gamma_1 \cdot \ln(t) \qquad (2)$$

Dans ces modèles, le paramètre θ représente la vie moyenne
exprimée en fonction de la variable t. Les autres paramètres sont les
constantes du modèle calculées à partir d'une régression linaire
avec les données des essais de vie accélérés.

La variable aléatoire T est définie comme le temps jusqu'à
l'apparition de la défaillance dans le système. Le traitement
statistique des données récupérées des tests en banc d'essais, dont
la variable *T*, fourni deux variables de fiabilité :

- *MTBF (Mean Time Between Failures)*, qui représente le temps
  moyen entre défaillances si nous nous trouvons dans le cas
  de système réparables.
- *MTTF (Mean Time To Failure)*, qui représente le temps moyen
  jusqu'à la défaillance dans le cas de systèmes non-réparables.

Les variables statistiques obtenues dans els essais accélérés sous
conditions sévères de travail sont extrapolées en s'appuyant sur la
connaissance à priori des conditions normales de travail. En base à
ces résultats, les opérations de maintenance, ou TBO, sont
programmées pour chaque système et sous-système de l'avion de

façon périodique. Cependant, dans le domaine aéronautique non seulement les conditions de travail simulées au sol sont différentes de celles considérées standard en vol, mais aussi elles peuvent arriver à être divergentes d'un appareil à un autre d'autant que tous les appareils ne sont pas soumis aux mêmes conditions météorologiques, de pilotage et de vol. En conséquence, les TBO sont programmées dans des scenarii pessimistes, et donc surabondantes comme illustré dans la Figure 3.

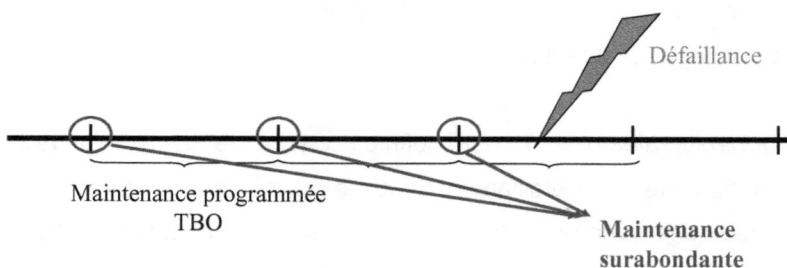

Figure 3 Maintenance surabondante avant d'une défaillance

Or, une maintenance adaptative qui puisse prendre compte du vieillissement et de la dégradation de chaque système de façon individuelle serait une solution dans le but de réduire les couts d'opération et d'améliorer la sécurité liée aux opérations de maintenance. La Figure 4 montre de façon schématique le but d'une maintenance adaptative en base à des modèles probabilistes de pronostic.

La maintenance dans le domaine de l'aéronautique est limitée aux caractéristiques propres du système avion. Différemment à d'autres types de système, les avions sont des appareils dynamiques (mobiles) qui peuvent exiger une opération de maintenance ou une réparation loin de son point d'origine. Ainsi, les nouveaux composants, le matériel, le personnel qualifié et le temps d'exécution disponible pour les opérations de maintenance sont des contraintes dépendantes de l'aéroport d'arrivée. De ce fait, l'importance d'une maintenance prédictive est capitale pour prévoir ces contraintes opérationnelles qui peuvent entraîner des retards ou des annulations.

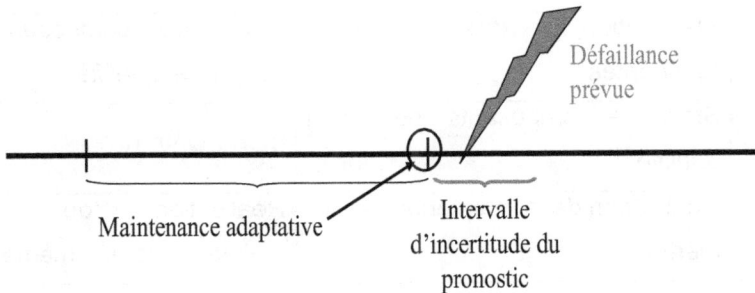

Figure 4 Maintenance adaptative

Le Tableau 1 décrit la chaîne d'événements et protocoles qui aboutissent à une opération de maintenance tels qu'ils sont définis aujourd'hui comparés à la suite d'événements tels qu'ils seraient envisageables grâce à l'introduction du pronostic selon la méthodologie proposé dans le projet TATEM.

	Aujourd'hui	TATEM
Evénements	Système détecte une anomalie	Système détecte une anomalie
	Registre d'anomalies	Diagnostic/pronostic en ligne
	L'avion atterrit	Données/Information transmises au sol
	L'équipe de maintenance analyse le registre d'anomalies	Analyse approfondie au sol du diagnostic
	L'équipe de maintenance diagnostic les anomalies	Préparation des actions pertinentes
	Préparation des actions pertinentes	Stock de composants, personnel qualifié…
	Stock de composants, personnel qualifié…	L'avion atterrit
	Réalisation de la maintenance elle-même	Réalisation de la maintenance elle-même

Tableau 1 Chaîne d'événements de maintenance

Actuellement, les systèmes de diagnostic embarqués détectent les anomalies pendant le cycle de vol type, comme montré dans la Figure 5. Ces anomalies sont enregistrées sans une analyse du type d'anomalie. Ces analyses sont réalisés à posteriori une fois l'avion a atterri. Une fois au sol, les registres sont analysés et vérifiés. Dans le cas d'une fausse alarme, les conséquences d'une fausse détection se traduisent habituellement en un retard dans le programme de vol de l'appareil. D'un autre coté, si la détection est vérifiée, les protocoles pour une opération de maintenance non programmé sont démarrés. Comme il a été dit précédemment, cette situation est contrainte par les stocks de composants disponibles sur place et le personnel qualifié pour ce type d'opération. Ces contraintes causent les retards, annulations et problèmes de sûreté. L'alternative envisagée grâce à l'introduction du pronostic, en plus du diagnostic des anomalies, est la prédiction des défaillances en s'appuyant sur l'estimation de la dégradation du système. Alors, les opérations de maintenance non programmées causées par des anomalies imprévues pourraient être préparées à l'avance afin que les conséquences mentionnées soient évitées.

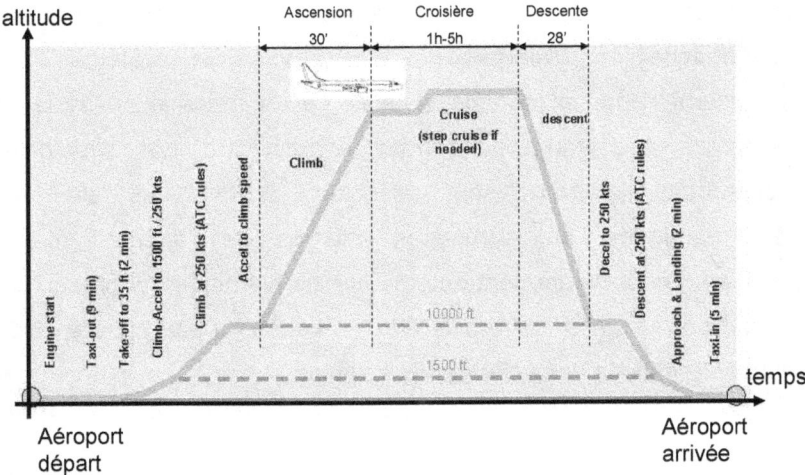

Figure 5 Phases de vol

Comme introduit précédemment, l'objectif premier est l'amélioration de la sécurité dans les opérations de maintenance et la réduction des couts directs d'opération. Le premier pas dans ce but est l'identification des composants et sous-systèmes du moteur d'avion qui puissent bénéficier le plus d'un perfectionnement du diagnostic et de l'introduction de modèles de vieillissement et pronostic de défaillances. A tel effet, une analyse statistique de l'historique des opérations de maintenance et une étude économique ont été développés par les entreprises membres du projet TATEM. Cette section représente un résumé des principales conclusions de cette analyse qui a servi à identifier les systèmes et composants objet des travaux dans cette thèse.

Premièrement, la Figure 6 montre les pourcentages des couts directs de maintenance associés aux moteurs, les systèmes et les structures, comme les trois sous divisions du système global avion. Le générique *'système'* qui représente un 40% des couts de maintenance fait référence à l'ensemble de systèmes qui complètent l'appareil comme le système de freinage, le système électrique, le système de conditionnement, etc. Les *structures*, représentant le 15%, sont associées à tous les éléments aérodynamiques, aux structures internes de l'appareil et au fuselage. Les *moteurs* sont notamment les éléments qui présentent le cout de maintenance le plus élevé à cause de leur criticité et de leurs sollicitations de performance optimale.

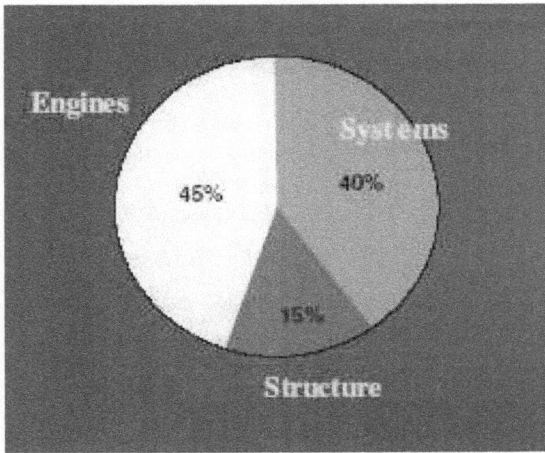

Figure 6 Couts de maintenance des équipements de l'avion

Les moteurs d'aviation sont équipés de systèmes périphériques qui agissent sur le moteur lui-même pour le surveiller et garantir sa performance optimale. Les différents équipements seront décrits plus en détail dans les chapitres consacrés à l'application des méthodes proposées sur chacun de ces équipements. Parmi ces équipements périphériques se trouvent le système de lubrification et le système de carburant. Ces deux systèmes ont été identifiés comme les plus demandeurs de l'introduction d'une maintenance adaptative. Dans les troisième et quatrième chapitres nous développerons une description détaillée des sous-systèmes composant le circuit d'huile et de carburant qui seront objet de notre étude, ainsi que l'analyse de leurs respectifs modes de défaillance.

1.4. Généralités sur les objets de l'étude

1.4.1. Les moteurs d'avion

Cette section présente une description générale du moteur d'avion et ses systèmes d'huile et carburant dans le but d'introduire les principes basiques de l'environnement dans lequel ce travail de thèse est développé. Le turboréacteur est un moteur à réaction tirant ses propriétés propulsives de la différence de la vitesse existent entre l'air absorbé et l'air rejeté. Pour accroître cet écart, l'air aspiré subit plusieurs transformations (Aziz et Massé, 2003):

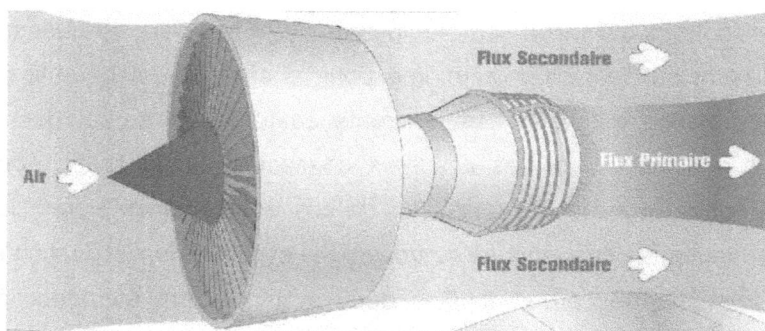

Figure 7 Principe du réacteur à double flux

• *Compression*. Une augmentation de la pression dans le compresseur. Cette compression augmente l'énergie de l'air donc la combustion devient plus efficace par rapport à l'obtention de puissance. La turbine objet de l'étude est composée d'un compresseur à double corps, cet à dire, avec deux étapes consécutives de compression à basse pression et ensuite à haute pression.

- *Combustion*. Une fois l'air compressé, l'énergie est encore augmentée par l'apport énergétique du carburant dans la chambre de combustion. Après la combustion, l'énergie calorifique du mélange est considérable.

- *Détente*. L'énergie des gaz chauds est utilisée pour deux finalités. D'abord, les gaz chauds à la sortie de la chambre de combustion font tourner la turbine qui va prélever une partie de leur énergie et la transformer en énergie mécanique pour entraîner le compresseur et les accessoires. La majorité de l'énergie des gaz expulsés provoque une poussée par réaction sur la tuyère.

Le modèle classique de turbine est composé de ces trois étages. Traiter une plus grande quantité d'air avec une "soufflante" ("fan") placée à l'entrée du moteur. La "soufflante" aspire et accélère plus d'air qu'il n'en faut pour la combustion. Ce surplus d'air est simplement éjecté à l'arrière plus vite qu'il n'est entré dans la "soufflante". Un turboréacteur équipé d'une soufflante est dit double flux. En effet, une partie de l'air admis (le flux primaire) s'oriente vers le compresseur BP et subit les transformations décrites dans le paragraphe 2.1 alors que l'autre partie (le flux secondaire) est comprimée par le fan, entraîné par la turbine BP. Le flux secondaire est ensuite détendu dans la partie extérieure du moteur et produit 80% de la poussée. Cette solution, qui permet de faire des économies de carburant, est particulièrement adaptée aux avions de transport civil. Chez Snecma, c'est le CFM56 qui illustre le mieux cette technologie.

Ce modèle est appelé turbofan à double flux. Cette amélioration permet d'obtenir une poussée plus importante au décollage (l'air étant très dense au niveau su sol) et surtout de réduire le bruit résultant de l'éjection des gaz chauds au niveau de la tuyère. Quelques chiffres permettent de situer les performances de ce type de moteur. Par exemple, le modèle de turbofan produit par le groupe SNECMA équipant les airbus A320 et A319 délivre une poussée maximale de l'ordre de 10 tonnes, avec des vitesses de rotation de la turbine haute pression avoisinant 18.000 rpm et 6000 rpm pour la turbine basse pression. La longueur du moteur est de 2422mm et le diamètre de la soufflante est de 1735 mm.

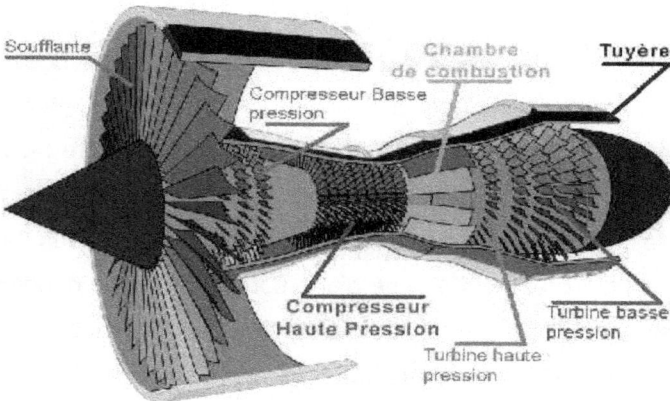

Figure 8 Composants d'un réacteur à double flux

Le turboréacteur est un moteur à réaction tirant ses propriétés propulsives de la différence de vitesse existant entre l'air absorbé et l'air rejeté. Pour accroître cet écart, l'air atmosphérique aspiré par le compresseur subit plusieurs transformations :

- Une compression dans le compresseur
- Une augmentation de la température dans la chambre de combustion
- Une détente dans la turbine et la tuyère

Ces trois transformations ont lieu simultanément et de façon continue dans chaque organe du moteur

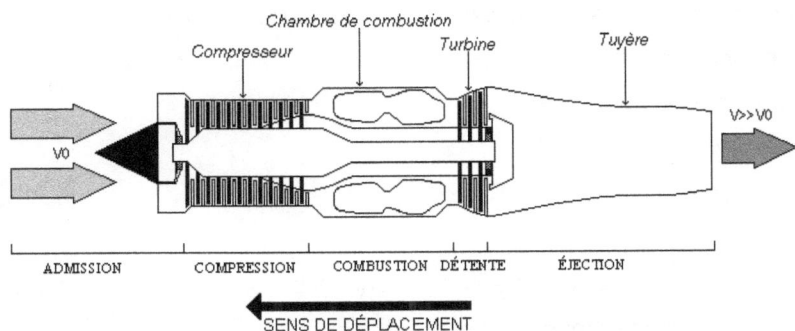

Figure 9 Schéma de principe d'un turboréacteur

- Compression

Le turboréacteur doit absorber et comprimer de l'air pour assurer son fonctionnement. Cette compression permet en effet d'optimiser les processus de combustion et d'extraction de puissance puisque la combustion du mélange combustible/comburant se fait dans un plus petit volume. Le turboréacteur est dit monocorps s'il se compose d'un seul compresseur associé à une seule turbine. Il est dit double corps s'il est doté d'un compresseur BP (Basse Pression) associé à une turbine BP et d'un compresseur HP (Haute Pression) associé à une turbine HP.

- Combustion

La combustion est le phénomène par lequel l'énergie chimique d'un combustible est transformée en énergie calorifique. L'air comprimé sortant du compresseur entre dans la chambre de combustion, qui est en général de type annulaire. Là, il est partiellement mélangé au carburant pulvérisé, puis enflammé. Sa température, et donc son énergie disponible sous forme calorifique (enthalpie), augmentent considérablement.

- Détente

En sortie de chambre de combustion, les gaz comprimés et très chauds vont se détendre en deux phases :

- dans la turbine qui va prélever une partie de leur énergie interne et la transformer en énergie mécanique pour entraîner le compresseur et les accessoires
- ensuite, dans la tuyère où ils vont acquérir une vitesse d'échappement maximale et produire, de ce fait, une poussée.

En plus des éléments cités précédemment, le turboréacteur comporte un système de démarrage et d'allumage, un circuit de graissage et un dispositif complexe de régulation. Il faut signaler que le simple jeu de la compression, de la combustion et de l'éjection ne suffit pas au motoriste. Ce dernier cherche comment améliorer les performances de son turboréacteur. Pour cela, il peut avoir recours à deux solutions : accélérer les gaz à la sortie du turboréacteur en les chauffant une seconde fois dans le canal d'éjection : c'est la post-combustion. Elle permet les hautes performances des moteurs militaires comme le M88 ou de l'Olympus sur Concorde.

1.4.2.   Le turboréacteur CFM56-7B

1.4.2.1. Généralités

Le turboréacteur CFM56-7B, présenté en figure 2, est un turboréacteur double flux double corps. Il est constitué d'un orifice d'admission d'air, d'une soufflante en titane de 1550 mm de diamètre avec des aubes à large corde, de compresseurs basse et haute pression, d'une chambre de combustion annulaire, d'une turbine HP dotée d'aubes capables de résister à des températures extrêmes, d'une turbine BP et d'une tuyère.

Il intègre également une régulation électronique pleine autorité redondante (FADEC). Et pour répondre aux exigences des compagnies les plus soucieuses de l'environnement, ce moteur peut être équipé d'une chambre de combustion à double tête ; ce qui permet de réduire jusqu'à 40 % les émissions d'oxydes d'azote par rapport aux chambres classiques.

Figure 10 Le turboréacteur CFM56-7B.

Certifié en 1996 par la Federal Aviation Administration (FAA) et la
Direction Générale de l'Aviation Civile (DGAC) et choisi par Boeing
pour motoriser sa gamme B737 nouvelle génération, le CFM56-7B
assure une poussée maximale au décollage comprise entre 87 et
121 kN. Il est par ailleurs capable de voler avec un seul moteur
pendant 180 minutes. D'un point de vue maintenabilité, il faut
signaler que les temps de dépose et de remplacement des
équipements ont été réduits jusqu'à 80 % par rapport au leader de
sa catégorie : le CFM56-3 qui équipe le B737 classique.

1.4.2.2. Le système de régulation

La régulation a pour rôle de maintenir le point de fonctionnement du
réacteur de façon à obtenir la poussée demandée par le pilote. Pour
cela, la régulation doit tenir compte des conditions de vol (altitude,

vitesse…) et des limites de fonctionnement imposées par la technologie du réacteur. Mais la régulation doit aussi assurer l'optimisation des performances dans tout le domaine de vol, garantir la sécurité via une accommodation aux pannes et indiquer au cockpit des paramètres pour le pilotage, la surveillance et la maintenance.

- **Contrôle de la poussée**

La poussée F d'un turboréacteur est fonction du débit massique d'air et de la vitesse d'éjection, comme le montre la relation suivante :

$$F = \dot{m} \ (V_{sortie} - V_{entrée}) \qquad\qquad \textbf{(3)}$$

Où :

F	La poussé fournie par le moteur à l'avion
$\dot{m}$	est le flux d'air absorbé dans la turbine
V_{sortie} et $V_{entrée}$	sont les vitesses de sortie et entrée de l'air dans le moteur respectivement

Or le débit d'air et la vitesse d'éjection sont respectivement proportionnels à la vitesse de rotation N et à la racine carrée de la température en entrée de turbine T25. On peut par conséquent contrôler la poussée en fonctionnement stabilisé en contrôlant ces deux paramètres.

Le but essentiel de toute régulation est donc de maintenir une température T25 optimale pour une position de la manette pilote donnée et quelles que soient les perturbations extérieures. La régulation de cette température est très délicate et pour cette raison on rencontre toujours des régulations indirectes de T25 en réalisant la régulation de paramètres moteurs plus accessibles mais très représentatifs de cette température. Les paramètres généralement régulés sont le régime moteur et la richesse de la combustion. Pour les modifier et les contrôler, on dispose de moyens appelés paramètres de déformation : débit carburant, section de tuyère variable, vannes de décharge, stators variables... Pour faire varier ces paramètres, il faut connaître les variations des paramètres que l'on veut réguler.

- **Recherche de la performance**

La régulation numérique et l'intégration des systèmes embarqués sont à l'origine de l'amélioration des performances de l'avion par un pilotage de la poussée à 1% près, de la gestion des prélèvements d'air et de l'adaptation des régimes. L'intégration informatique permet, quant à elle, l'amélioration des performances moteurs par l'optimisation de la géométrie moteur (servovalves VSV et VBV) et par le pilotage des jeux (servovalves HPTC, LPTC).

- **Garantie de la sécurité**

La régulation est conçue de manière à garantir la sécurité. En effet, elle est dotée d'une architecture redondante (Deux voies électroniques indépendantes dans le calculateur, redondance des capteurs et des actionneurs) et permet la détection des pannes de capteurs et d'actionneurs et la reconfiguration (choix des capteurs, utilisation de modèles).

- **Indication au cockpit**

La régulation indique au cockpit les paramètres de pilotage en temps réel, les paramètres de surveillance du moteur et des messages de seuil et de panne associés. Elle permet également l'élaboration de rapport de maintenance avec une hiérarchie des pannes possibles.

1.4.2.3. Le système électronique de control

Le moteur CFM56-7B est équipé d'un FADEC : Full Authority Digital Engine Control. Comme son nom l'indique, le FADEC est un système électronique de régulation pleine autorité ce qui signifie que la partie électronique du système contrôle toutes les fonctions de régulation. La régulation est entièrement gérée par ce système qui comprend :

- le calculateur ou l'ECU (Engine Control Unit)

- l'unité hydromécanique ou le HMU (Hydro Mechanical Unit)
- le connecteur d'identification
- les capteurs
- les câblages inter-composants (harnais électriques)
- les actionneurs
- les composants d'allumage moteur
- les entrées et sorties du système inverseur

Les capteurs donnent une indication de l'état dans lequel se trouve le moteur à l'ECU. Ils fournissent des indications de température, de pression, de débit, de vitesse de rotation et de position.

Les capteurs fournissent les signaux des variables qui nous informent sur l'état de fonctionnement. Deux capteurs redondants fournissent deux voies de mesure identiques disponibles pour chacune des variables afin de parer à l'éventualité de la défaillance d'un capteur. Le problème est donc de **détecter** la défaillance d'un capteur, puis de **localiser** la voie fournissant des mesures erronées. Les définitions de huit variables surveillées sont données tableau 1.

Nom	Unité	Définition
Variables mécaniques		
N_1	rpm	Régime basse pression
N_2	rpm	Régime haute pression
Variables d'état thermodynamique		
PS3	Pa	Pression statique en sortie du compresseur HP
T25	K	Température en entrée du compresseur HP
T3	K	Température en sortie du compresseur HP

WF	Kg/s	Débit carburant
VBV	In	Position des vannes en sortie du compresseur HP
VSV	In	Position des vannes de stator variable du compresseur HP

Tableau 2 Capteurs dans la boucle moteur

En cas de défaillance de l'une des deux voies de mesure d'une variable, sa localisation nécessite l'existence d'une procédure mettant en jeu une troisième voie. Le choix de l'industriel a été d'équiper le moteur d'une troisième voie de mesure logicielle et virtuelle (Diez-Lledó, 2006). Chaque variable possède son propre système de détection/localisation. Un autre choix possible est d'installer un troisième capteur pour chacune des variables décrites. Pourtant, cette possibilité a été écartée par l'industriel car le placement de plus de capteurs est contraint par la conception du moteur. Dorénavant nous travaillerons avec la contrainte de ne pas ajouter de nouveaux capteurs et de proposer des méthodes basées uniquement sur l'équipement de surveillance installé sur le moteur (NMS, no more sensors).

L'ECU assure la gestion du système de régulation suivant les informations qui lui arrivent (commande provenant de la manette des gaz du cockpit, indications des capteurs, signaux de détection de pannes) et effectue ensuite les opérations appropriées : envoi de consigne à un actionneur ou au système inverseur, envoi de message de maintenance, envoi de commande de démarrage du moteur.

*Le **HMU*** commande et régule les équipements. Cette interface est pilotée par l'ECU et contrôle le positionnement des actionneurs et le dosage du carburant.

*Les **actionneurs*** exécutent les ordres. Parmi ces éléments de puissance, on trouve des pompes, des doseurs de carburant, des injecteurs et des vérins. Chargés du pilotage de la configuration variable du moteur, les vérins sont au nombre de six :

- FMV (Flow Modulation Valve) qui règle la quantité de carburant injectée dans la chambre de combustion et qui joue donc un rôle fondamental
- VSV (Variable stator Valve) qui ajuste l'incidence des redresseurs du stator du compresseur pour obtenir son efficacité optimale
- VBV (Variable Bleed Valve) qui dévie une partie du flux primaire (flux le plus chaud) vers le secondaire pour éviter un retour de pression (pompage)
- TBV (Transient Bleed Valve) qui dévie une partie du flux d'air du 9e étage du compresseur HP vers le 1er étage de la turbine BP, pour une efficacité optimale
- HPTCCV (High Pressure Turbine Clearance Control Valve) qui contrôle le jeu entre les aubes et le carter de la turbine haute pression
- LPTCCV (Low Pressure Turbine Clearance Control Valve) qui contrôle le jeu entre les aubes et le carter de la turbine basse pression

Dans une autre perspective de la description du système moteur, les actionneurs font aussi partie du système de carburant, car le fuel est le fluide fournisseur de la pression hydraulique à l'intérieur de l'actionneur. Cependant, nous avons préférer les présenter dans la section des systèmes de régulation, car leur but est d'agir sur la géométrie variable du moteur suivant les consignes du calculateur, en adaptant la dite géométrie aux scénarios de vol.

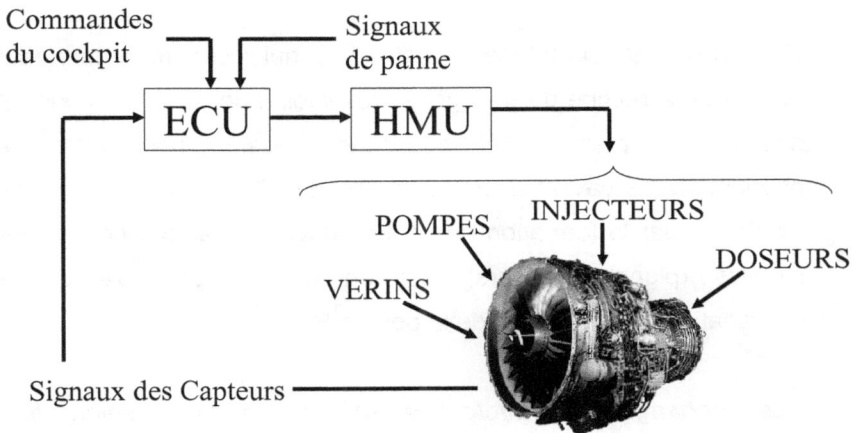

Figure 11 Boucle globale de commande

1.4.3. Le circuit carburant

Le premier rôle du circuit carburant est d'assurer l'alimentation du turboréacteur en carburant propre et dosé avec précision en l'amenant du réservoir de l'avion aux injecteurs de la chambre de combustion. Il doit de plus assurer différentes fonctions commandées par le système de régulation, en agissant, au moyen de servovalves, sur des actionneurs (ou vérins). Il joue un rôle important dans les configurations de vol suivantes : démarrage et rallumage en vol, et fonctionnement en secours en cas de panne du circuit de carburant principal. Enfin le carburant est aussi utilisé comme source froide par des échangeurs thermiques (huiles, air).

Le circuit carburant est composé d'un circuit base pression et d'un circuit haute pression. Les principaux équipements du circuit basse pression sont :

Une pompe BP centrifuge (2 à 16 bars), qui récupère le carburant fourni par la pompe de gavage du réservoir avion à 2 ou 3 bars et assure une première élévation de pression pour éviter le phénomène de cavitation de la pompe HP. Ce phénomène, qui se manifeste par la formation de poches gazeuses autour des pièces mobiles (pignons, paliers), est en effet responsable de la dégradation du rendement de la pompe HP.

Des échangeurs huile/carburant, qui servent selon leur positionnement dans le circuit à refroidir l'huile provenant de l'IDG ou celle du moteur et à réchauffer le carburant destiné aux servovalves.

Un filtre principal (porosité de 38 µm), qui retient les particules présentes dans le carburant afin de protéger la pompe haute pression et les organes de dosage et un filtre auto-lavable, qui purifie le carburant destiné aux actionneurs des géométries variables.

Et les principaux équipements du circuit haut pression sont :

Une pompe HP volumétrique à engrenages (25 à 120 bars), qui assure un deuxième étage de pression et alimente le dispositif de dosage dans des conditions déterminées de pression et débit carburant.

Un régulateur hydromécanique ou HMU, précédemment introduit dans la section 1.4.2.3. Ce système de régulation est composé des sous-équipements suivants:

- un doseur carburant appelé aussi FMV (Fuel Metering Valve),
- un clapet de pressurisation (HPSOV) qui garantit une pression minimale, même à faible débit, pour faire fonctionner les géométries variables et les servovalves,
- des servovalves, qui pilotent la puissance hydraulique pour la commande des géométries variables au cours du vol ou du débit de carburant délivré.
- une vanne de dérivation (By-Pass), qui renvoie dans le circuit l'excès de carburant fourni par la pompe HP par rapport à la consigne délivrée par le calculateur.

Un débitmètre massique, qui permet au pilote de détecter les anomalies, et des injecteurs, qui sont protégés par un filtre de toute pollution intempestive et qui assurent une pulvérisation fine du carburant dans la chambre de combustion.

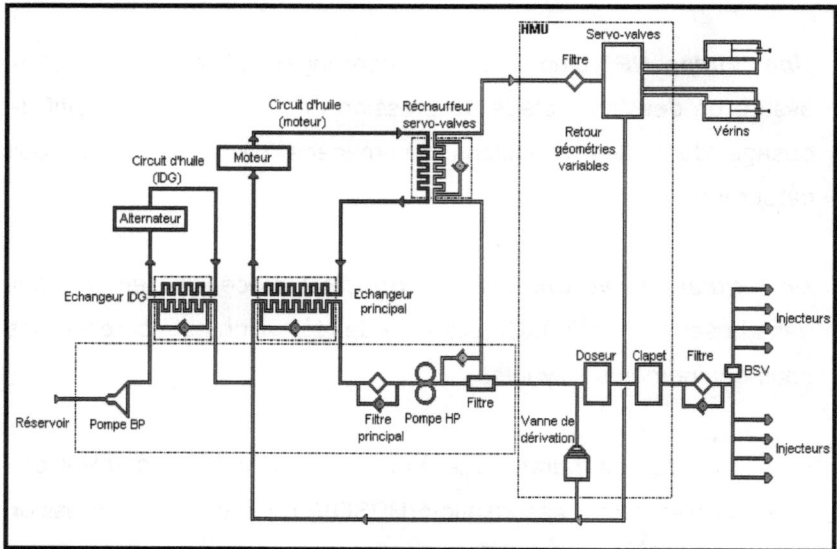

Figure 12 Schéma de principe du circuit carburant

Le schéma de la Figure 12 permet de repérer les principaux composants du circuit carburant. Il n'est pas un schéma exhaustif, et l'ordre des composants (filtres, échangeurs) peut être différent.

Dans le moteur CFM56-7B, le circuit carburant se divise en 5 voies :

- **La ligne directe**

Elle assure la fonction principale du circuit carburant, c'est-à-dire l'alimentation en carburant. Le carburant issu du réservoir avion est mis sous pression par la pompe BP puis filtré afin d'éviter l'altération des composants du circuit. Ensuite, la pompe HP fournit la pression nécessaire pour permettre l'injection dans la chambre de combustion.

- **La boucle des actionneurs des géométries variables**

Elle assure le fonctionnement des vérins qui actionnent les différentes géométries variables du moteur. Elle est en dérivation de la ligne directe. Le carburant est finement filtré et réchauffé car les servovalves qui pilotent les vérins sont très sensibles aux impuretés et à la présence de glace. Le carburant en retour des vérins est ensuite réinjecté dans la boucle de recirculation.

- **La boucle de recirculation**

Le débit délivré par la pompe HP est sensiblement proportionnel à la vitesse de rotation du moteur. Cependant, la figure 4 montre que la demande réelle au niveau des injecteurs n'est pas linéaire, ce qui se traduit par un excédent de carburant à évacuer via cette boucle grâce à la vanne de dérivation. La pompe HP est dimensionnée pour délivrer un débit suffisant compris entre 10% (rallumage) et 100% (plein gaz) du régime maximal.

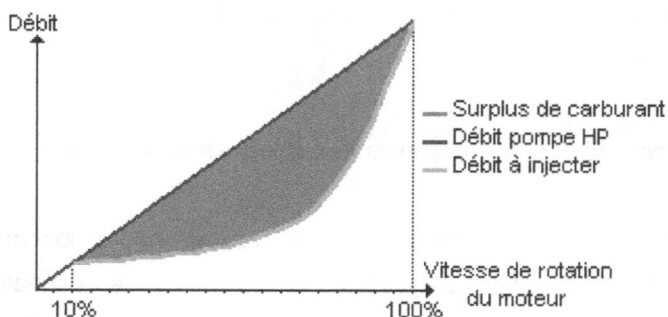

Figure 13 Caractéristique d'une boucle de recirculation

- **L'échangeur de chaleur avec le circuit d'huile**

Le circuit d'huile lubrifie les différents paliers du moteur ainsi que la boîte d'engrenages. L'échauffement provoqué par ces pièces mécaniques est évacué par l'huile qu'il est donc nécessaire de refroidir à son tour. Cette fonction est assurée par un échangeur principal huile-carburant qui peut être situé en amont du filtre principal. A cet endroit, le débit de carburant est important, ce qui permet un bon refroidissement de l'huile. Cependant cet échangeur peut être placé ailleurs sur la ligne carburant en fonction des différentes contraintes thermiques. Il arrive dans certains cas, que l'huile moteur traverse un réchauffeur à servovalves (autre échangeur huile-carburant) afin d'éviter un phénomène de givrage de l'eau présente dans le carburant destiné à alimenter les servovalves.

- **L'échangeur de chaleur avec le circuit d'huile alternateur IDG**

L'alternateur IDG fournit l'énergie électrique de l'avion. Il est refroidi à l'huile. Pour empêcher une surchauffe de cette huile, on la fait circuler dans un échangeur huile-carburant. Cet échangeur est placé en aval de la pompe BP où le carburant est le plus froid. Celui-ci ne suffit généralement pas à assurer cette fonction, on complète donc parfois le circuit par un refroidisseur huile-air, placé à l'arrière du fan.

1.4.4. Circuit d'huile

Le système de lubrification a pour but garantir la performance des roulements et des boites de vitesses sous conditions extrêmes de frottement à haute vitesse. En plus, le circuit d'huile est en charge du refroidissement de ces parties mécaniques mobiles du moteur. Ainsi, l'huile chaude rebouclée du circuit vers le réservoir est utilisée pour préchauffer le carburant à la sortie de la pompe basse pression pour éviter le phénomène de cavitation (section 1.4.3). Les composants principaux du circuit de lubrification sont :

- Le réservoir d'huile
- La pompe d'huile
- L'échangeur de chaleur huile-carburant
- Les composants auxiliaires comme les capteurs (MCD, magnetic chip detector ou EMCD, electro-magnetic chip

detector), les filtres, les valves (PRV, pressure relief valve) et la tuyauterie

La Figure 14 montre le schéma typique du circuit d'huile dans un moteur d'avion civile.

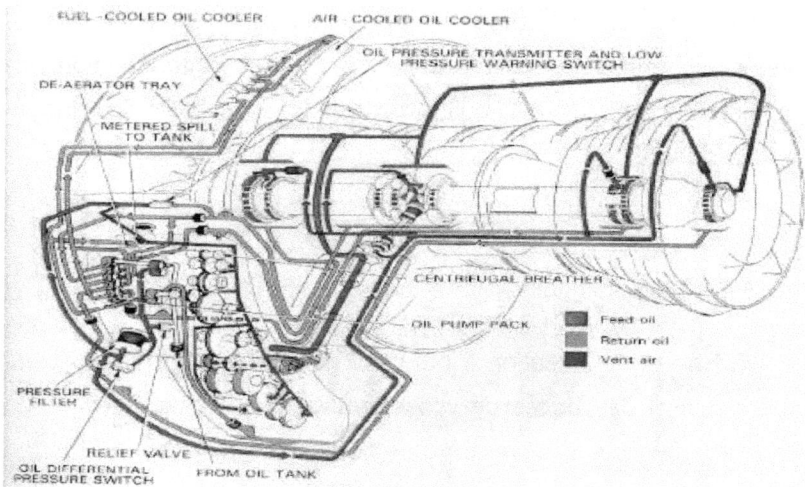

Figure 14 Schéma du circuit de lubrification

L'architecture du système d'huile est beaucoup moins complexe que celle du carburant. D'abord, le système d'huile n'a pas besoin de régulation car la consommation d'huile ne doit pas être contrôlée par rapport au mode de fonctionnement du moteur. Deuxièmement, le circuit d'huile est un système fermé, contrairement au circuit de carburant dont le fuel est un élément consommable. En fonctionnement normal, la consommation d'huile n'est associée qu'au dégât propre de la fonction de lubrification. En cas défaillant, cette consommation pourrait être supérieure à cause des fuites dans le circuit ou à cause d'une consommation anormale due au vieillissement des parties mécaniques du moteur. Finalement, le circuit d'huile n'est pas utilisé pour assurer d'autres fonctions à part la lubrification, comme le circuit de carburant, aussi utilisé pour l'actionnement des géométries variables, et donc une seule voie est suffisante (section 1.4.3).

Les capteurs qui fournissent l'information sur l'état de fonctionnement du circuit sont décrits dans le Tableau 3

Nom	Unité	Définition
T_o	°C	Température de l'huile à l'entrée du réservoir
N_2	rpm	Vitesse de rotation du régime haut pression
P_o	Pa	Pression du réservoir d'huile
Niveau	%	Niveau d'huile du réservoir exprimé en % par rapport au volume total

Tableau 3 Capteurs de la boucle du système d'huile

La figure ci-dessous illustre la localisation des capteurs dans le moteur.

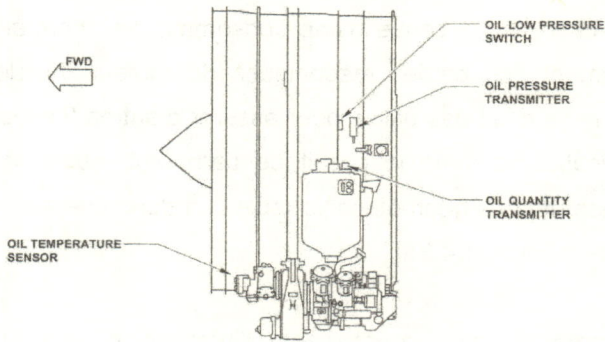

Figure 15 Schéma de l'équipement du système d'huile

La pompe d'huile est gérée mécaniquement par la vitesse de rotation N_2 au moyen d'une boite de réduction de vitesse (Accessory Gear Box, AGB). Alors, la loi de vitesse de la pompe est linaire. En conséquence, le point de fonctionnement débit/pression d'huile fourni par la pompe est fixé. Si la pompe est surdimensionnée, comme c'est toujours le cas, cette méthode implique un point de travail non-optimal pour la plupart des phases de vol est de type de vol.

Pour ce qui concerne le reste des composants du circuit, comme les filtres et les valves, la Figure 16 illustre le schéma de connectivité entre ces éléments.

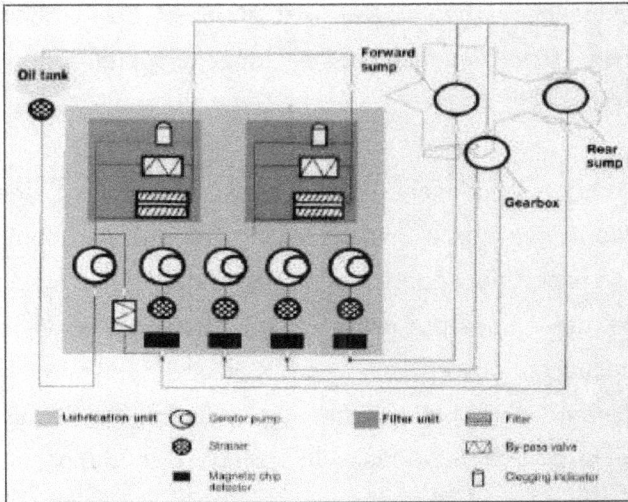

Figure 16 Schéma de l'architecture du circuit d'huile

Les MCD (Magnetic chip detector) sont les responsables de détecter si un filtre ou une partie du circuit sont bouchés, en surveillant la différence de pressions. En plus, un capteur de niveau bas d'huile est en charge de fournir un signal d'alarme au cas où il détectait un niveau d'huile trop bas pour garantir le bon fonctionnement des parties mécaniques. Bien entendu, ce niveau d'alarme est défini de façon qu'il ne soit pas critique pour assurer au moins le vol en cours.

1.5. Conclusions

Le travail que nous avons entrepris dans cette thèse répond aux besoins de diagnostic et pronostic dans le but de proposer une maintenance prédictive des composants les plus sensibles face à la maintenance classique, qui peuvent entraîner des problèmes de sureté de fonctionnement ainsi que d'appréciables pertes économiques.

Nous avons voulu donner, dans ce chapitre introductif, une vision globale de la complexité des moteurs d'avion, et des composants les plus sensibles pour contribuer à réaliser une bonne maintenance prédictive. Les études préliminaires consacrées à l'identification de ces composants nous ont conduits à étudier en particulier le circuit de carburant, plus précisément les actionneurs responsables d'adapter la géométrie variable du moteur. Ces composants sont statistiquement les systèmes les plus impliqués dans les opérations de maintenance non-programmées (voir section 1.3). En plus des surcouts associés aux situations dérivées de ces maintenances non-programmées, le fait que ces systèmes soient intégrés dans le circuit de carburant implique des problèmes de sureté importants. L'autre équipement identifié comme critique vis-à-vis des opérations de maintenance est le circuit d'huile. Ce système est beaucoup plus simple, au niveau de son architecture, que celui du carburant, la fonction qu'il accomplit est critique puisque assurer la lubrification des parties mécaniques mobiles, à une vitesse telle que dans un moteur d'avion, est essentiel.

2. CHAPITRE II : DIAGNOSTIC ET SUPERVISION

2.1. Introduction à la surveillance et au diagnostic.

Les processus complexes se caractérisent comme étant des processus dans un environnement d'incertitude, d'imprédictibilité et de dynamique non-linaire. Dans un système complexe il y a divers modes de fonctionnement, ou états fonctionnels, incluant les modes associés aux défaillances. Notons aussi la possibilité de nous trouver face à de systèmes complexes qui montrent un fonctionnement discontinu ou semi continu présentant donc plusieurs modes de fonctionnement normal. Ce comportement est parfois défini comme comportement de système hybride (Gentil et al., 2007).

De façon générale, la supervision correspond à l'action de surveiller un système afin de prendre des décisions adéquates lorsque le système est hors de l'objectif de la commande. Autrement dit, le but de la supervision est de détecter le mode de fonctionnement du système tandis que le but du diagnostic est d'identifier le dysfonctionnement du système une fois le mode défaillant a été détecté. Alors, les concepts de base de la supervision des systèmes sont (Hernandez H, 2006) :

- Fonctionnement en mode *normal* d'un système est l'état de fonctionnement lorsque les variables caractéristiques du système demeurent au voisinage de leurs valeurs nominales.

Dans le cas contraire, le système est considéré en mode *défaillant*.

- Une *défaillance* est la cause d'une anomalie
- Un *défaut* est défini comme une anomalie du comportement normal du système qui ne remet forcément en cause sa fonction
- Une *panne* caractérise l'inaptitude d'un dispositif à accomplir une fonction requise. Un système est toutefois considéré en panne dès l'apparition d'une défaillance
- Un *symptôme* est l'événement ou l'ensemble de données à travers duquel le système de supervision détecte identifie le passage d'un mode de fonctionnement normal à un mode défaillant.

Dans le cas des systèmes complexes, la surveillance doit être établie en tenant compte de l'information reçue des variables, car la supervision basée sur une variable donnée peut induire à des résultats incorrects à cause du manque d'information (Akbaryan, 2001).

Ensuite, nous allons présenter brièvement une classification des approches de supervision et diagnostic automatique pour encadrer les méthodes proposés dans cette thèse.

2.1.1. Approches à base de modèles

Une approche du diagnostic concerne la construction d'un modèle du système qui est utilisé comme référence pour être comparé au système réel. Les valeurs caractéristiques du système, estimées à partir des modèles, sont comparées à celles provenant du système réel. Les différences entre modèle/système, appelée résidu, fournissent l'information nécessaire pour la supervision et le diagnostic. Les approches à base de modèles peuvent être classées en approches quantitatives et approches qualitatives. Parmi les approches quantitatives nous trouvons la théorie des observateurs, les méthodes de filtrage et estimation d'état et les relations de parité. Le principal désavantage de ces approches est la difficulté à modéliser un système non-linéaire et complexe qui puisse être utilisé dans le cadre du diagnostic avec garanties de succès (Kourti, 2002). Les approches qualitatives suivent le même principe que celles à base de modèles quantitatifs, mais que les relations entre descripteurs et variables du système sont exprimées au moyen de fonctions qualitatives. Le fait de n'être pas basées sur des équations physiques rend ces méthodes plus robustes devant des incertitudes ou des perturbations faibles, mais elles sont fortement dépendants de la connaissance à priori de l'expert sur le système.

2.1.2. Approches basées sur des données historiques

Les industriels disposent généralement d'un vaste historique concernant les systèmes ou les processus. Ces enregistrements incluent les données des historiques, des tests en banc d'essais, les expériences de vie accélérée, des enregistrements de la maintenance, etc. Ces méthodes possèdent l'avantage d'être indépendantes de la connaissance précise du processus ou des systèmes car elles n'ont besoin d'aucun modèle, l'information est extraite des données elles-mêmes (Koivo, 1994). D'un autre coté, le principal problème de ces méthodes est la dépendance des résultats de la méthode par rapport à la qualité des données utilisées. Une analyse préliminaire des données est souvent nécessaire pour évaluer l'information contenue dans les enregistrements, par exemple, s'ils sont, représentatifs des modes normaux ou défaillants, ou bien uniquement de certains modes défaillants. La durée de l'historique sera aussi un des paramètres à prendre en compte pour chaque système différemment. Parmi ces méthodes on rencontre des applications en intelligence Artificielle, comme les réseaux de neurones, les méthodes de classification floue et les systèmes experts.

Dans le cadre du pronostic de défaillances, ou détection de dégradations, les deux approches présentent certains désavantages comme la difficulté à détecter des tendances. Pourtant, les deux approches pourraient montrer en même temps des possibilités d'application dans le domaine du pronostic et de l'évaluation du vieillissement. Dans le présent chapitre, nous allons proposer essentiellement des méthodes dans le cadre des approches à base de modèles quantitatifs. En plus, nous allons proposer de mettre en relation ces approches avec l'utilisation de l'historique du système dans le but d'essayer d'extraire le plus d'information possible des données disponibles, dans le diagnostic en ligne, pour utiliser cette information dans l'amélioration de nos observations. Ultérieurement, dans le chapitre 3 consacré aux méthodes de pronostic de défaillances, nous allons continuer à travailler avec la proposition d'associer le temps réel et l'historique d'un système avec l'objectif de mettre en relation de cause-effet le diagnostic et le pronostic de défaillances d'un système.

2.2. Méthodes d'estimation de paramètres

2.2.1. Estimation de paramètres en-ligne

2.2.1.1. Prédicteur-Estimateur basé sur la Pseudo-Inverse

Le système dynamique est modélisé comme un système SISO (de l'anglais Simple input simple output). Cette méthode travaille avec l'information du système fournie par les données entrée/sortie **u(t)** et **y(t)**. Les perturbations affectant le système seront considérées comme un bruit blanc gaussien **ε(t)**. Alors, sous l'hypothèse d'une période de temps d'observation suffisamment courte, le système peut être représenté comme un modèle autorégressif de moyens mobiles avec entrée exogène (ARMAX).

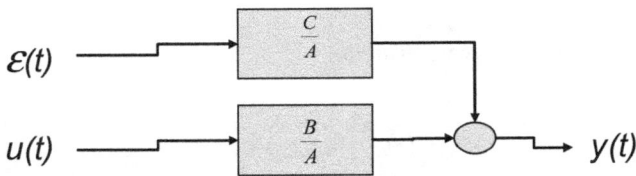

Figure 17 Model ARMAX pour l'identification SISO

La Figure 17 illustre un modèle ARX. Les polynômes de la figure correspondent aux expressions mathématiques de l'équation (4).

$$A\left(z^{-1}\right)=\sum_{i=1}^{i=ny}a_i.z^{-i} \qquad B\left(z^{-1}\right)=\sum_{j=1}^{j=nu}b_i.z^{-i} \qquad C\left(z^{-1}\right)=\sum_{j=1}^{j=ne}c_i.z^{-i} \qquad (4)$$

Les ensembles des paramètres a_i, b_i et c_i représentent les paramètres autorégressifs du modèle, tandis que n_y, n_u et n_e sont les ordres du modèle pour la sortie, l'entrée et la perturbation respectivement.

Si on considère l'hypothèse de bruit blanc pour la perturbation (t), l'ordre du numérateur n_e peut être supposé zéro. Dans l'hypothèse d'un bruit coloré, une étude plus étendue de la perturbation devrait proportionner l'ordre de sa fonction transfert. En plus il faut remarquer que les dénominateurs de l'entrée et de la perturbation ont été supposés être égaux, sous l'hypothèse que le bruit n'a pas de mémoire propre. Grâce à ces simplifications, le modèle ARMAX peut être approximé par un modèle ARX (Landau, 2001), dont l'expression mathématique est :

$$y(t) = \sum_{i=1}^{i=ny} a_i . y(t-i) + \sum_{j=1}^{j=nu} b_j . u(t-i) + \varepsilon(t) \tag{5}$$

Ou bien sous sa forme vectorielle:

$$y(t) = h_y(t) . a + h_u(t) . b + \varepsilon(t) \tag{6}$$

où :

$$h_y(t) = \left[y(t-1) \quad y(t-2) \quad \ldots \quad y(t-ny) \right] \qquad h_u(t) = \left[u(t-1) \quad u(t-2) \quad \ldots \quad u(t-nu) \right]$$
$$a = \left[a_1(t) \quad \ldots \quad a_{ny}(t) \right]^T \quad , \quad b = \left[b_1(t) \quad \ldots \quad b_{nu}(t) \right]^T \quad .$$

Finalement en réunissant tous les paramètres dans un seul vecteur $\theta^T = \lfloor a^T b^T \rfloor$ et on obtient la régression :

$$y(t) = h(t) \cdot \theta + \varepsilon(t) \qquad (7)$$

où un a réuni dans un seul vecteur toutes les variables d'entrée/sortie dans

$$h(t) = \lfloor h_y \ h_u \rfloor \qquad (8)$$

Définissons l'opérateur matriciel Λ_n (nxn) et son homologue vectoriel λ_n (1xn) donnés par les expressions :

$$\Lambda_n = \begin{bmatrix} 0 & 1 & 0 & \cdots & 0 \\ \vdots & \ddots & 1 & \ddots & \vdots \\ \vdots & \ddots & \ddots & \ddots & 0 \\ \vdots & \ddots & \ddots & \ddots & 1 \\ 0 & \cdots & \cdots & \cdots & 0 \end{bmatrix} \qquad (9)$$

$$\lambda_n = \begin{bmatrix} 1 & 0 & \cdots & 0 \end{bmatrix}$$

Alors l'évolution du vecteur $h(t) = \lfloor h_y \ h_u \rfloor$ rassemblant l'information nécessaire à l'évolution de l'équation (6), sont donnés par l'équation récurrentes ci-dessous :

$$h(t+1) = h(t) \cdot \begin{bmatrix} \Lambda_{ny} & 0 \\ 0 & \Lambda_{nu} \end{bmatrix} + \lfloor y(t) \ u(t) \rfloor \cdot \begin{bmatrix} \lambda_{ny} & 0 \\ 0 & \lambda_{nu} \end{bmatrix} \qquad (10)$$

Nous allons développer une méthode d'estimation linéaire, c'est pourquoi nous ferons l'hypothèse que le système est supposé avoir une dynamique quasi-linéaire pendant la période d'estimation.

Dans cette approche nous proposons l'utilisation d'une fenêtre temporelle glissante d'observations (FTG), dans le but de rester dans l'hypothèse de linéarité. Alors, nous obtenons une expression mathématique équivalente à celle de l'équation (5) sous sa forme matricielle, comme résultat du stockage des données d'entré/sortie sur une fenêtre de longueur N.

Ainsi, l'équation (7) peut s'exprimer dans la fenêtre temporelle [t-N+1,t] en écrivant N fois l'équation :

$$
\begin{aligned}
y(t) &= h(t) \cdot \theta + \varepsilon(t) \\
y(t-1) &= h(t-1) \cdot \theta + \varepsilon(t-1) \\
&\cdots\cdots\cdots\cdots\cdots\cdots\cdots\cdots\cdots \\
y(t-N+1) &= h(t-N+1) \cdot \theta + \varepsilon(t-N+1)
\end{aligned}
\tag{11}
$$

Ce qui fournit sous forme matricielle compacte:

$$
Y(t) = H(t)\theta + E(t)
$$

où

$$
Y(t) = \begin{bmatrix} y(t) \\ y(t-1) \\ \vdots \\ y(t-N+1) \end{bmatrix} \quad
H(t) = \begin{bmatrix} h_y(t-1) & h_u(t-1) \\ h_y(t-2) & h_u(t-2) \\ \vdots & \vdots \\ h_y(t-N) & h_u(t-N) \end{bmatrix} \quad
E(t) = \begin{bmatrix} \varepsilon(t) \\ \varepsilon(t-1) \\ \vdots \\ \varepsilon(t-N+1) \end{bmatrix} \quad
\theta = \begin{bmatrix} a \\ b \end{bmatrix}
\tag{12}
$$

Alors, les paramètres θ sont considérés constants dans la fenêtre d'observation, en base à l'hypothèse de linéarité. Pour l'application correcte de cette méthode, le système matriciel associé doit être strictement surdéterminé, autrement le système deviendrait mathématiquement instable. Comme résultat, la relation suivante est établie entre les ordres du système et la longueur de la fenêtre :

$$N > \max(n_y, n_u) \tag{13}$$

Nous introduisons l'erreur instantanée, autrement dit, l'erreur à posteriori **e(t)**. Cette erreur, définie selon l'équation (13), calcule l'erreur de sortie en faisant la différence entre la sortie réelle du système et la prédiction du modèle utilisant les paramètres estimés à l'instant actuel.

$$\mathbf{e(t)} = \mathbf{y(t)} - \mathbf{h(t)} \cdot \hat{\theta}(\mathbf{t}) \cdot \tag{14}$$

D'un autre coté, nous trouvons l'erreur à posteriori **e⁺(t)**, qui calcule l'erreur de sortie comme l'écart entre la sortie du système et la prédiction du modèle calculée pour l'instant t+1.

$$e^+(t+1) = y(t+1) - \hat{\theta}^T(t) \cdot h(t+1) \tag{15}$$

Appliquant le critère d'optimisation des moindres carrés (équation (16)) sur l'erreur à posteriori de l'équation (14),

$$J(t) = \frac{1}{N} \cdot \sum_{i=1}^{N} e(i)^2 \tag{16}$$

nous obtenons l'estimateur optimal des paramètres de l'équation (17).

$$\hat{\theta}(t) = H^\# \cdot Y(t) \qquad (17)$$

Où la matrice $H^\#$ est la matrice pseudo-inverse de Penrose. L'équation (18) donne l'expression de $H^\#$ pour un système surdéterminé, étant $\sigma^2 \cdot I_N$ sa matrice de covariance $E(t)$ où I_N est matrice unité NxN, et $\sigma^2 = E\left[\varepsilon(t)^2\right]$.:

$$H^\# = \left(H^T(t)H(t)\right)^{-1} H^T(t) \qquad (18)$$

L'équation nous fournit une estimation de la matrice de covariance des paramètres estimés face aux perturbations:

$$\theta(t) = H^T(t).\left(H^T(t)H(t)\right)^{-1} H^T(t).(Y(t) - E(t)) \qquad (19)$$

Alors, en utilisant (19) dans la définition de la covariance, nous obtenons:

$$E\left[\left(\theta(t) - \hat{\theta}(t)\right)\left(\theta(t) - \hat{\theta}(t)\right)^T\right] = \left(H^T(t)H(t)\right)^{-1} H^T(t).E\left[E(t)E^T(t)\right]H(t).\left(H^T(t)H(t)\right)^{-1} \qquad (20)$$

Prenant en compte l'hypothèse de bruit blanc stationnaire introduite précédemment :

$$E[E(t)] = 0 \quad \text{et} \quad E\left[E(t).E(t)^T\right] = \sigma^2.I_N \qquad (21)$$

Alors, l'estimateur de la matrice de covariance des paramètres est exprimé comme :

$$P_\theta(t) = \mathbf{E}\left[(\theta(t) - \hat{\theta}(t))(\theta(t) - \hat{\theta}(t))^T\right] = \sigma^2\left(H^T(t)H(t)\right)^{-1} \qquad (22)$$

Normalement, la matrice de covariance de l'estimateur des paramètres montre une mauvaise précision comparée aux valeurs réelles. Alors, les paramètres estimés ne pourraient être considérés suffisamment informatifs vis-à-vis du diagnostic. Par contre, envisageant des applications de diagnostic, nous constatons que la variance de la prédiction est plus compatible avec la détection. Nous analyserons brièvement la validité du prédicteur: en réutilisant l'équation (19), les paramètres sont utilisés pour la prédiction de la sortie du modèle :

$$\hat{y}(t+1) = \hat{\theta}^T(t) \cdot h(t+1) \qquad (23)$$

Nous pouvons alors estimer la variance du prédicteur pour l'instant t+1 avec l'expression :

$$\sigma_{+1}^2(t) = \mathbf{E}\left[(\hat{y}(t+1) - y(t+1))^2\right] = h(t+1).P_\theta(t).h^T(t+1) \qquad (24)$$

Ainsi que la variance du prédicteur instantané $\hat{y}(t) = \hat{\theta}^T(t) \cdot h(t)$:

$$\sigma_0^2(t) = \mathbf{E}\left[(\hat{y}(t) - y(t))^2\right] = h(t).P_\theta(t).h^T(t) \qquad (25)$$

Considérant le résidu comme un bruit blanc centré, la validité du diagnostic peut être vérifiée en utilisant l'inégalité de Bienaymé-Tschebyschew. (Maquin and Ragot, 2000):

$$\mathbf{prob}[|\mathbf{e(t)}| > \mathbf{k.}\sigma] = \frac{2}{\sigma.\sqrt{2\pi}} \int_{\mathbf{k}\cdot\sigma}^{\infty} \exp\left[-\frac{\zeta^2}{2\sigma^2}\right] \mathbf{d}\zeta < \frac{1}{(\mathbf{k}\cdot\sigma)^2} \qquad (26)$$

où le paramètre **k** nous permet de fixer la probabilité de fausse alarme. Une valeur de probabilité de fausse alarme classique est de fixer **k=1.8,** ce qui correspond à une probabilité de fausse alarme d'environ le 7% (Ljung, 1998). Cependant, cette inégalité ne nous permet pas d'estimer la probabilité de non-détection. Dans ce but, nous devrions appliquer une procédure plus complexe telle qu'un test de composition min-max à trois hypothèses (Basseville and Nikiforov, 2002).

2.2.1.2. Estimateur basé sur le filtre de Kalman-Bucy.

Nous donnons ici l'estimateur bien connu qui s'obtient par l'application directe des équations du filtre de Kalman à l'équation de régression (4) considérée comme l'observation d'un système dont l'état est le vecteur des paramètres constants: $\theta(t+1) = \theta(t)$. On obtient alors l'équation récurrente de l'estimateur (24) :

$$\hat{\theta}(t+1) = \hat{\theta}(t) + \left[\frac{1}{h(t)\cdot P(t)\cdot h^T(t) + \sigma^2} \cdot P(t)\cdot h(t)\right]\cdot\left(y(t) - h(t)\hat{\theta}(t)\right) \qquad (27)$$

Cette équation s'interprète comme une correction qui utilise l'erreur de prédiction. L'expression entre crochets est appelée "gain de Kalman", et elle dépend de la matrice $P(t)$ qui est une estimation de la covariance de l'estimateur fournie par l'équation de Riccati dynamique (25). La matrice $Q = \mathbf{E}\left[\beta(t)^T.\beta(t)\right]$ qui apparaît ici correspond à une possible fluctuation du paramètre à estimer qui transforme l'équation d'état constant en $\theta(t+1) = \theta(t) + \beta$. Ce paramètre permet d'ajuster la convergence de l'algorithme, ainsi que sa capacité d'adaptation à des changements des paramètres à estimer.

$$P(t+1) = P(t) + \left[\frac{1}{h(t) \cdot P(t) \cdot h^T(t) + r} \right] \cdot \left(P(t) \cdot h^T(t) \cdot h(t) \cdot P(t) \right) + Q \qquad (25)$$

2.2.2.   Estimation de paramètres hors ligne

2.2.2.1. Estimation base sur la Pseudo-Inverse (EPI)

De façon analogue à celle présentée pour l'estimation des paramètres en-ligne dans la section antérieure, l'algorithme EPI propose l'estimation des paramètres en utilisant des données historiques stockées. La seule différence est qu'un horizon fixe, pouvant couvrir une phase complète du fonctionnement du système, remplace la fenêtre glissante utilisée précédemment. Nous reprenons les équations (1), (2) et (3) qui aboutissaient à la régression (4), et finalement par répétition sur tous les instants on a l'équation (9) où, cette fois-ci, N est la durée totale de l'horizon d'observation du système.

Dans ce cas, quelque soit la nature, linéaire ou non, du système qui a généré les données, une valeur unique de l'estimateur du paramètre θ est obtenue, nous l'appellerons l'image paramétrique linéaire (IPL) du système sous la séquence d'entrées $\{u(1)\ u(2)...u(t)\ ...\ u(N)\}$

2.2.2.2. Méthodes d'estimation de paramètres continus

Plusieurs auteurs ont remarqué l'intérêt d'utiliser les méthodes avec des modèles dans le domaine temporel continu, particulièrement dans l'identification de systèmes, le contrôle adaptatif et la détection dynamique de défaillances. Au cours des dernières années, plusieurs travaux ont été consacrés au domaine continu, notamment sur des applications d'identification de systèmes (Garnier et al., 2003). D'autres méthodes utilisées dans ce but, telles que le filtrage de Kalman étendu, tentent de combiner l'estimation de paramètres avec l'estimation de l'état du système. Cependant, la connaissance a priori des perturbations sur le système et sur les paramètres stochastiques apparaissent comme indispensables pour l'initialisation de la méthode (Coirault et al., 1996).

Une méthode simpliste d'envisager le problème de l'estimation des paramètres continus pourrait être vue comme, d'abord l'estimation des paramètres discrets au moyen d'ensembles de données d'entrée/sortie, pour ensuite transformer ces paramètres en des paramètres équivalents en temps continu. Pourtant, cette approche peut entraîner des problèmes de pôles et valeurs propres à cause du temps d'échantillonnage choisi dans l'étape discrète (Garnier et al., 2003). Une autre approche dans le domaine de l'identification de systèmes continus est l'erreur d'équation généralisée (GEE), présentée par l'expression dans (28).

$$\varepsilon(t,\theta) = \sum_{i=0}^{n} a_i \cdot y^{(i)}(t) - \sum_{i=0}^{m} b_i \cdot u^{(i)}(t) \qquad (28)$$

Cette approche consiste à transformer l'équation différentielle en une équation discrète qui conserve les paramètres continus initiaux. La transformation continu-discret de l'équation est réalisée à l'appui d'un opérateur dynamique linéaire (LDO). L'opérateur LDO est en charge de remplacer les variables non-mesurables $u^{(i)}$ et $y^{(i)}$ de l'équation différentielle par des variables mesurables appelées variables instrumentales. Comme résultat l'expression qui minimise l'erreur d'équation devient :

$$\mathbf{LDO}\{\varepsilon(t,\theta)\} = \sum_{i=0}^{n} \mathbf{a}_i \cdot \mathbf{LDO}\{y^{(i)}(t)\} - \sum_{i=0}^{m} \mathbf{b}_i \cdot \mathbf{LDO}\{u^{(i)}(t)\} \qquad (29)$$

où n et m sont les ordres des sorties et des entrées respectivement. Dépendant de la variable instrumentale choisie LDO, les méthodes GEE peuvent être classées en approches dérivatives et méthodes intégrales (Homssi, 1992).

Parmi les approches dérivatives, la méthode du filtre des variables d'état (SVF) est reconnue pour offrir des bons résultats. Cette méthode est basée sur les filtrages des vecteurs d'entrées/sorties $u^{(i)}$ et $y^{(i)}$ pour estimer les paramètres. Ce filtrage permet d'éliminer le bruit des variables d'état, car ce bruit pourrait être gravement amplifié une fois ces variables d'entrée/sortie dérivées dans l'équation différentielle. Ainsi, le problème initial est transformé grâce au filtrage en un problème équivalent d'identification de paramètres continus (Garnier et al., 2003). Le filtre joue ici le rôle de l'opérateur LDO, vu comme un prétraitement des signaux entrée/sortie.

Dans la classe des approches intégrales, nous trouvons deux classes. D'abord, la classe qui englobe les méthodes d'intégration numérique et les méthodes à fonctions orthogonales. Pourtant, ces méthodes peuvent présenter des problèmes face aux conditions initiales. Ensuite, nous trouvons les méthodes basées sur le principe de filtrage introduit précédemment dans les approches dérivatives. Parmi ces méthodes, le filtre linéaire intégral (LIF) utilise une fenêtre d'intégration à horizon glissant. Dans le même cadre, la méthode des moments partiels réinitialisés (RPM) (Trigeassou, 1995) est basée sur une fenêtre d'oubli temporel, réalisant l'identification des paramètres continus en s'appuyant sur des intégrations avancées. Comme résultat, cette méthode présente l'avantage d'être indépendante des conditions initiales (Garnier et al., 2003). La méthode (RPM) a été prouvée comme une des méthodes la plus performantes au niveau de la précision et la flexibilité vis-à-vis du système étudié (Homssi, 1992).

L'équation ci-dessous, montre l'expression de base décrivant la méthode des RPM, représentant l'opérateur LDO :

$$\mathbf{A_n}(\mathbf{f}) = \int_0^{\hat{t}} \mu^n \cdot \mathbf{f}\left(\mathbf{t} - \hat{\mathbf{t}} - \mu\right) \mathbf{d}\mu \qquad (30)$$

Introduisant l'expression (30) dans l'expression générique d'une équation différentielle (28), nous obtenons le modèle mathématique suivant du modèle différentiel (Landau, 2001):

$$\mathbf{y(T)} = \alpha_{n,t}(\mathbf{y}) + \sum_{i=0}^{n-1} \mathbf{a}_i \cdot \alpha_{i,t}(\mathbf{y}) - \sum_{j=0}^{m} \mathbf{b}_j \cdot \alpha_{j,t}(\mathbf{u}) \qquad (31)$$

Où les nouveaux signaux d'entrée/sortie après l'application de l'opérateur intégral peuvent s'exprimer dans l'équation ci-dessous:

$$\alpha_{n,t}(\mathbf{y}) = \int_0^{\hat{t}} \mathbf{p_n}(\tau) \cdot \mathbf{y}\left(\mathbf{t} - \hat{\mathbf{t}} - \tau\right) \cdot \mathbf{d}\tau$$

$$\alpha_{m,t}(\mathbf{u}) = \int_0^{\hat{t}} \mathbf{p_m}(\tau) \cdot \mathbf{u}\left(\mathbf{t} - \hat{\mathbf{t}} - \tau\right) \cdot \mathbf{d}\tau \qquad (32)$$

Et les paramètres p_0 et p_i sont donnés par les expressions mathématiques suivantes :

$$\mathbf{p_0}(\tau) = \frac{\tau^n \cdot \left(\hat{\mathbf{t}} - \tau\right)^{n-1}}{(\mathbf{n}-1)! \cdot \hat{\mathbf{t}}^n}$$

$$\mathbf{p_i}(\tau) = (-1)^i \cdot \frac{\partial^i \mathbf{p_0}(\tau)}{\partial \tau^i} \qquad (33)$$

Dans le cadre de l'application de cette méthode, pour l'implémentation de la partie intégrale, des méthodes d'intégration par morceaux, comme la règle de Simpson, peuvent être choisies, en fonction des hypothèses initiales sur les signaux d'entrée/sortie. Les signaux d'entrée/sortie doivent être riches en information dans le domaine temporel ainsi que dans le domaine fréquentiel pour garantir la bonne performance des méthodes d'identification. Notamment, l'entrée doit fournir une excitation suffisante, et particulièrement le choix des ordres du système doivent être soigneusement choisis vis-à-vis de la connaissance à priori du système. La figure ci-dessous est un exemple de signal d'entrée de type SBPA (signal binaire pseudo-aléatoire), avec la réponse correspondante. Ce type d'excitation assure un large recouvrement de l'espace de la réponse fréquentielle et temporelle.

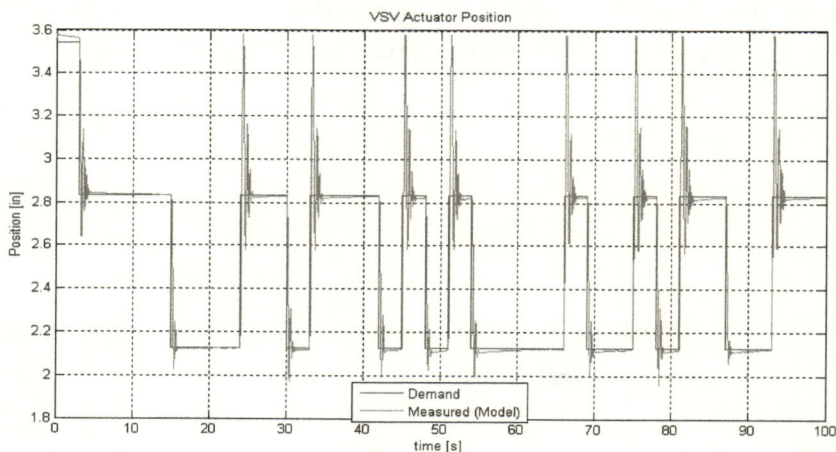

Figure 18 Données pour l'identification de systèmes

2.2.3. Conclusions

Dans la section 2.2.1 sur les méthodes d'estimation de paramètres en ligne, nous avons déjà signalé un problème présent dans toute la section, celui de l'information fournie aux méthodes par les signaux d'entrée et sortie. Les paramètres estimés dans les méthodes en ligne présentent deux sources d'incertitude : celle due au bruit et celle intrinsèque à la méthode qui est basée sur un horizon court; alors, la performance de la méthode est dépendante de la longueur de la fenêtre d'observations fournie à l'algorithme. Si la fenêtre est trop courte la variance de l'estimateur devient trop grande. Contrairement, si la fenêtre d'observation est trop longue les données couvriront des changements non stationnaires (figure 3), donc détériorant les résultats de la méthode. D'autre part dans l'estimation en ligne nous faisons l'hypothèse de quasi-linéarité qui est de moins en moins acceptable lorsque la fenêtre augmente, un compromis doit donc être trouvé entre ces effets contradictoires.

Par ailleurs l'estimation linéaire sur un horizon de fonctionnement, aussi bien des paramètres discrets que continus, ne peut fournir qu'une image dépendante de la séquence des entrées, ce qui suppose que les perturbations à l'entrée sont faibles ou inexistantes. Dans un chapitre ultérieur nous utiliserons cette approche.

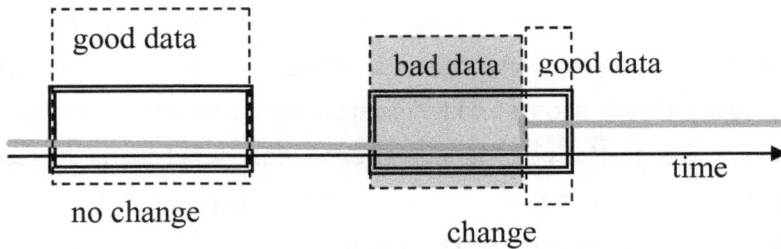

Figure 19 Fenêtre temporelle glissante

La connaissance du système devient un élément clé pour fixer le temps moyen entre changements de dynamique, notamment dans le cas des systèmes intermittents qui affectent la dynamique globale du système de façon intermittente et adaptative. Les algorithmes en-ligne présentés dans la section 2.2.1 ont été appliqués au diagnostic des défauts des capteurs d'un moteur d'avion (Diez-Lledó, 2006). Dans le cas des algorithmes hors-ligne, les données stockées sur un cycle réalisé par le système doit aussi être prise en compte du point de vue de l'information présente pendant la fenêtre d'estimation. Le problème de l'évaluation de l'information des données sera abordé dans la section 2.4. Cette section sera consacrée à l'analyse et l'étude des méthodes qui puissent fournir des critères de sélection pour le stockage de données dans le but d'améliorer la performance des algorithmes.

Un autre problème identifié au cours de la section 2.2 est l'utilisation de ces méthodes pour le diagnostic autant que pour le pronostic. Comme signalé dans la section 2.2.1.1, la prédiction fournie par les algorithmes en-ligne est performante dans le cadre du diagnostic et la surveillance. Cependant, ni la prédiction, ni notamment l'estimation des paramètres du système peuvent être appliqués au pronostic de défaillances avec un minimum de garanties. En revanche, nous trouvons dans la littérature des exemples de méthodes d'estimation et d'identification de paramètres hors ligne qui ont été testés pour la surveillance des défaillances lentes, comme la dégradation et le vieillissement (Homsi, 1992) (Trigeassou). A ce propos, la section 2.3 présentera une analyse des systèmes hybrides qui nous fournira les bases pour proposer une méthode de pronostic dans le chapitre 3, en combinaison avec les méthodes d'estimation hors-ligne présentées dans la section 2.2.2.

2.3. Système hybrides

2.3.1. Introduction

Une des approches les plus utilisées dans le domaine du diagnostic est la détection et l'identification de défaillances à base de modèles (Simani et al., 2000). Ces méthodes, quoique performantes dans un large éventail d'applications, présentent la limitation d'être très sensibles face aux erreurs de modélisation (ex. limites des outils de modélisation, connaissance limitée du système), les perturbations qui affectent le système réel et la variation des paramètres du modèle. Ces variations peuvent être causées par la présence de plusieurs points d'opération nominaux du système, par des altérations du modèle dues aux opérations de maintenance ou par la propre apparition de défaillances ou de vieillissement (Simani et al., 2003). Aujourd'hui, la plupart des systèmes qui peuvent envisager des applications et des algorithmes de surveillance, diagnostic et pronostic sont d'une grande complexité et présentent de fortes non linéarités. Notamment, les systèmes dans le domaine aéronautique présentent un indice de non-linéarité très élevé qui rend difficile la modélisation à cause des boucles de régulation, des saturations, des interfaces analogique/numérique, mais surtout dû aux divers points d'opération (Brotherton et al.). Au lieu d'aborder ce scénario comme un problème de modélisation hautement complexe, il peut être envisagé comme un problème à deux étapes, avec une identification des plusieurs modes opératifs d'abord, pour ensuite modéliser chacun de ces sous-modèles (Simani et al., 2003). Si les sous-modèles identifiés peuvent être considérés linéaires dans leur région opérative, nous obtiendrions comme résultat de cette

71

approche un modèle exprimé comme l'addition affine d'un ensemble de sous-modèles valides localement (Fantuzzi et al., 2002). Alors, le modèle obtenu du système complexe sera plus flexible face aux incertitudes des paramètres du modèle lui-même, aux perturbations et aux non linéarités (Kwak, 1999; Ogata, 1997).

La littérature nous présente plusieurs techniques d'identification de paramètres dans le cas de modèles hybrides. L'identification des points d'opération peut être effectuée au moyen de tests en banc d'essais, méthodes de classification floue ou d'autres méthodes toujours appuyées sur la connaissance à priori du système (Simani et al., 2000; Simani et al., 2003).

Dans le cas qui nous concerne, celui des systèmes aéronautiques, l'obtention d'un modèle hybride composé d'un ensemble de sous-modèles linéaires moins complexes nous fournit la possibilité d'envisager la conception d'un modèle qui puisse être embarqué, contournant les contraintes de calcul propres de l'aéronautique.

2.3.2. Principes de la modélisation hybride

L'idée de base de cette méthode est l'interprétation des signaux d'entrée/sortie d'un système non-linéaire et invariant dans le temps, représenté sous la forme d'une régression (Fantuzzi et al., 2002):

$$y(t+1) = F[y(t),...y(t-n+1), u(t),...u(t-n+1)] \qquad (34)$$

où u(·)∈ U et y(·)∈ Y sont les ensembles de données d'entrée/sortie respectivement d'un système d'ordre **n**. F(·) est une fonction non-linéaire continue telle que F:Un × Yn→An. Alors, chaque sous-modèle peut être exprimé au moyen d'une régression linéaire paramétrique, au style de celles présentées au cours des sections précédentes (2.2.1). n:

$$y(t+1) = \sum_{j=0}^{n-1} \alpha_j^{(i)} \cdot y(t-j) + \sum_{j=0}^{n-1} \beta_j^{(i)} \cdot u(t-j) \qquad (35)$$

Les paramètres αi et βi correspondent à l'i-ème sous-modèle linéaire identifié. Le vecteur de l'équation (36) correspond aux ensembles de données d'entrée/sortie recueillis pour chacun de points d'opération du système.

$$x_n(t) = [y(t),...,y(t-n+1), u(t),...,u(t-n+1)] \qquad (36)$$

Ces ensembles de données représentatives de chaque point d'opération du système seront à la base des méthodes d'identification de systèmes utilisées pour caractériser chacun des sous-modèles. Plusieurs méthodes peuvent être choisies parmi la littérature sur le domaine de l'identification. La méthode LPV (variation linéaire de paramètres, Linear Parameters varying) fournit une identification des paramètres des sous-modèles qui représentent une partition de l'espace total couvert par le modèle non-linéaire. Ainsi, les systèmes à paramètres distribués sont considérés comme des systèmes qui peuvent être représentés par un ensemble d'états chacun approximé par un modèle linéaire invariant dans le temps (LTI) (Belforte et al., 2000). Lorsque ces paramètres sont fonction des plusieurs modes d'opération du système, incluant les modes défaillants, une méthode équivalente peut être appliquée, celle des quasi-LPV (E. Duviella et al., 2007). Les méthodes LPV ou quasi-LPV préservent l'information des non-linéarités du système original et l'influence des modes d'opérations sur la performance du système global, à condition que les modes opératifs soient bien définis et que l'algorithme soit fourni avec des données suffisantes de chacun de ces modes d'opération. En plus, ces données devraient être appropriées pour l'identification, cet à dire, riches en information dans l'espace temporel et fréquentiel.

Au cours de notre étude nous avons utilisé deux types de méthodes, parmi les décrites précédemment : la méthode EPI basée sur les paramètres discrets d'une régression linéaire ARX, et la méthode basée sur l'estimation directe des paramètres continus du système RPM. L'utilisation de ces deux méthodes nous a été révélée comme une façon de tester deux approches œuvrant chacune dans les domaines discrets et continus respectivement. Nonobstant, il faut signaler que l'application d'une approche continue dépend de la possibilité de modéliser le système au moyen d'équations différentielles qui soient représentatives de la dynamique physique du système. L'expression ci-dessous résume l'ensemble de paramètres θ pour l'i-ème sous-modèle d'ordre n, comme l'addition de l'ordre d'entrée j et de l'ordre de sortie k.

$$\theta_n^{(i)} = \left[\alpha_j^{(i)}, \beta_k^{(i)} \right] \qquad (37)$$

où i=1,…M, et M est le nombre de sous-modèles identifiés. L'expression qui suit montre l'exemple d'un sous-modèle continu d'ordre n=4, dont l'ordre d'entré est *j=3* et l'ordre de sortie *k*=1. Les entrées et sorties du système sont ici représentées par u(t) et y(t) respectivement.

$$\alpha_2^{(i)} \cdot \ddot{y}(t) + \alpha_1^{(i)} \cdot \dot{y}(t) + \alpha_0^{(i)} \cdot y(t) = \beta^{(i)} \cdot u(t) \tag{38}$$

Ensuite, une fois que les sous-modèles sont identifies, il reste à définir la fonction de commutation (*switch*) entre sous-modèles. Par conséquent, la fonction *switch* $\chi_i[\mathbf{x}_n(t)]$, avec i=1,...M, définit une partition en M sous-modèles :

$$\chi_i[x_n(t)] = \begin{cases} \chi_i[x(t)] = 1 & if \quad x_n(t) \in A_n^{(i)} \\ \chi_i[x(t)] = 0 & if \quad x_n(t) \notin A_n^{(i)} \end{cases} \tag{39}$$

étant $\{\mathbf{A}_n^{(1)}, ..., \mathbf{A}_n^{(M)}\}$ la partition de l'espace entrée/sortie correspondant à chaque sous-modèle, et étant $\mathbf{x}_n(t) = [y(t), ..., y(t-n+1), u(t), ..., u(t-n+1)]$ le vecteur des entrées et des sorties qui définit le point d'opération à l'instant *t* actuel (Siamni et al., 2000; Simani et al., 2003). Il faut remarquer que la fonction qui gère l'alternance entre les sous-modèles ne fait pas forcement intervenir toutes les entrées ou toutes les sorties du vecteur $x_n(t)$. Les entrés et les sorties affectant l'alternance de sous-modèles devraient alors être identifiées pour chacune des applications. Lorsque la partition de l'espace d'entrée/sortie n'est pas stricte (*crisp*) une fonction *switch* floue définie dans un modèle Takagi-Sugeno (TS) pourrait être envisagée. L'entrée de cette fonction serait le vecteur $x_n(t)$ qui activerait une ou plusieurs fonctions d'appartenance, fournissant une sortie interpolée des correspondants sous-modèles.

Comme résultat de cette modélisation hybride, un système complexe non-linéaire est représenté par un ensemble de sous-modèles linéaires. Pourtant, le modèle hybride doit être validé, assurant que sa dynamique est représentative de la dynamique réelle du système, et certifiant que la simplification du modèle n'entraîne pas des pertes d'informations importantes vis-à-vis de l'application envisagée pour le modèle.

2.4. Théorie de l'information et entropie

2.4.1. Introduction

Nous avons remarqué que, l'utilisation de méthodes basées sur l'estimation, un aspect important est celui de l'existence d'information utile dans les données; pour cela nous allons développer des outils d'analyse de l'information qui puissent être utilisés en ligne dans le cadre des applications que sont envisagées dans ce travail.

La formulation probabiliste de l'entropie a été introduite par Maxwell-Boltzman dans le domaine de la thermodynamique. Dans cette approche, l'information fournie par un système est exprimée en fonction de la probabilité d'apparition de ses possibles états de configuration (Cullma et Papin, 1960). Ultérieurement, la relation entre information et entropie a été largement démontrée et appliquée amplement dans plusieurs domaines, d'après la formulation de la théorie de l'information de Shannon (Shannon, 1948). La théorie de l'information mesure la quantité d'information dans un message formé d'un ensemble de N symboles qui composent un code (Cullma et Papin, 1960). L'entropie de l'information proposée par Shannon est basée sur les probabilités d'apparition des différents symboles d'un message. L'indice d'information du message est calculé avec l'expression (40)(40) qui est fonction de l'ensemble de ces probabilités dont la somme est égale à l'unité. Dans le domaine de l'Automatique, par exemple, le message analysé est formé des différents états dans lesquels le système peut évoluer, alors l'entropie probabiliste d'un système nous indique le degré d'information que nous fournissent ces états.

$$S(p) = -K \cdot \sum_{i}^{N} p_i \cdot \log p_i \qquad (40)$$

D'après la définition probabiliste de l'entropie de Shannon, plusieurs auteurs ont adapté cette théorie dans le domaine des ensembles flous, créant ainsi la théorie de l'entropie floue. La logique floue introduit un scénario non probabiliste où, en particulier l'addition des degrés d'appartenance n'est plus égale à l'unité. De Luca et Termini (DeLuca et Termini, 1972) ont proposé un indice d'entropie non probabiliste, ou indice de flou "fuzziness", basé sur la satisfaction d'un ensemble d'axiomes. Une fonction qui utilise l'entropie probabiliste de Shannon a été proposée dans le cadre de ces axiomes. Cette mesure s'est révélée significative et est largement utilisée dans le domaine de l'information floue. L'objectif de l'entropie floue est d'exprimer de façon quantitative un indice de mesure du degré de flou correspondant à un ensemble non probabiliste (DeLuca et Termini, 1974). Les indices de fuzziness (degré du flou) sont des éléments largement utilisés avec une grande importance dans le domaine de la gestion de l'information et de l'incertitude sur les systèmes complexes.

A continuation, nous allons rappeler la théorie de l'entropie floue et des indices de fuzziness. Ensuite, nous allons présenter une proposition d'entropie floue basée sur des travaux précédents (Yager, 1990) (Trillas, 1978). Finalement, la théorie de l'information sera appliquée aussi dans le domaine du traitement des signaux dans le but d'évaluer l'information fournie aux algorithmes par les ensembles des données.

2.4.2. Entropie floue

La définition formelle d'une mesure du flou, aussi appelée entropie floue ou indice de *fuzziness*, a été établi par (Nguyen & Walker, 1996). Supposons $(X, \wp)$ un espace de mesure. Soient A et B des sous-ensembles, flous ou non, d'un même univers X Ensuite, $m : \wp \to [0, \infty)$ est une mesure du flou (fuzziness measure) si elle vérifie les propriétés suivantes :

1. $m(\varnothing) = 0$
2. $A \subseteq B \Leftrightarrow m(A) \le m(B)$

$$(41)$$

Cette définition formelle doit être interprétée comme une mesure de flou d'un ensemble flou par rapport à son ensemble "net" (*crisp*) associé. La définition de la relation entre un ensemble flou et son net associé peut être interprétée différemment en fonction du domaine d'application.

DeLuca et Termini (1972) ont défini les axiomes pour qu'une fonction exprime un indice de flou d'un ensemble flou vis-à-vis de son associé net. Alors, si l'ensemble flou représente les degrés d'appartenance d'un groupe d'individus à une classe, l'indice de flou exprime le degré d'information fourni par cette ensemble flou à l'égard de l'information maximale fournie par l'ensemble net associé : les individus appartiennent ou n'appartiennent pas à la classe.

Supposons E un ensemble et $\wp(E)$ l'ensemble d'ensembles flous dans E. Ensuite, définissons l'application $T: \wp \to [0,1]$ pour tous les $\mu \in \wp(E)$.

$$\mu \in \Re^c : E \to [0,1] \quad \text{où} \quad c = card(E)$$

$$\mu = \begin{bmatrix} \mu_1 \\ \vdots \\ \mu_i \\ \mu_c \end{bmatrix} \quad \text{où} \quad \mu_i = \mu(x_i) \quad x_i \in \mathbf{E} \tag{42}$$

Alors, les axiomes que doivent être satisfaits par l'application T pour être un indice d'entropie floue sont (DeLuca et Termini,1972)(Pal and Bezdek,1993)(Trillas and Alsina,1979) :

$$P_1 : T(\mu) = 0 \Leftrightarrow \mu \in \{0,1\}$$

$$P_2 : \max T(\mu) \quad \Leftrightarrow \mu = \frac{1}{2} \tag{43}$$

$$P_3 : T(\eta) \leq T(\mu) \Leftrightarrow \eta \leq_s \mu$$

La relation d'ordre $\leq_s$ fait référence à un opérateur de comparaison 'sharpened', c'est-à-dire, un ensemble flou η est considéré comme une version plus 'sharpened' de l'ensemble μ si :

$$\begin{aligned} \eta(x) \leq \mu(x) \,\text{if}\; \mu(x) \leq 0.5 \\ \eta(x) \geq \mu(x) \;\text{if}\; \mu(x) \geq 0.5 \end{aligned}$$
(44)

D'autres axiomes ont parfois été proposés relatifs à la théorie des ensembles, par ailleurs quelques propriétés relatives à la théorie de probabilités ont aussi été introduites. Cependant, la majorité d'auteurs (DeLuca et Termini, 1974) (Kopfmacher, 1975) partagent le point de vue que les trois axiomes présentés ici sont suffisants pour caractériser un indice de *fuzziness*. Les fonctions qui satisfont ces axiomes peuvent être exprimées par la formule générale :

$$H(\mu) = h\left(\sum_{i}^{C} c_i \cdot T(\mu_i) \right)$$
(45)

Dans laquelle selon (Pal et Bezdek, 1993) :

(i) $c_i \in \mathfrak{R}^+$

(ii) $T_\mu : [0,1] \longrightarrow \mathfrak{R}^+$ est monotone croissante en $[0,0.5]$ et monotone décroissante en $[0.5,1]$

(iii) $T(0) = T(1) = 0$

(iv) T_μ a un seul maximum a $\mu=0.5$

(v) $h : \mathfrak{R}^+ \longrightarrow \mathfrak{R}^+$ est monotone croissante

(46)

De Luca et Termini ont proposé l'entropie probabiliste de Shannon comme une famille particulière de fonctionnelles qui accomplit les axiomes sous la forme :

$$H_{DTE}(\mu) = K \cdot \sum_{i}^{C} S(\mu_i) \qquad (47)$$

où $K \in \Re^+$ est une constante de normalisation et l'expression de Shannon s'écrit comme :

$$S(\mu_i) = \mu_i \cdot \ln \mu_i + (1 - \mu_i) \cdot \ln(1 - \mu_i) \qquad (48)$$

La proposition de cette expression de l'entropie est justifiée sur de nombreuses études et les résultats ont montré sa validité comme mesure de référence de l'information. Cependant, on remarque la dépendance de cette mesure par rapport à la relation d'ordre "sharpened". D'autres familles de fonctions sous la même forme de base que celle de DeLuca et Termini peuvent être utilisées surtout dans le domaine de la prise de décisions et la classification (DeLuca et Termini, 1972-1974), en définissant autrement la relation d'ordre mais toujours basées sur les axiomes proposés en (43) et sous la forme de l'équation (45), où $w_i = K$ et la fonction T est donnée par :

$$T(\mu_i) = f(\mu_i) + f(1 - \mu_i) \qquad (49)$$

La figure ci-dessous est la représentation graphique de l'entropie de Shannon (48) qui représente l'information fournie par le degré d'appartenance d'un seul individu. La figure montre que dans les cas nets, ($\mu=1$ ou $\mu=0$), l'entropie floue est égale à zéro. De l'autre coté, le degré d'appartenance µ=0.5est considéré comme le cas d'entropie maximale, car l'information est nulle vis-à-vis de l'ensemble net associé [0;1].

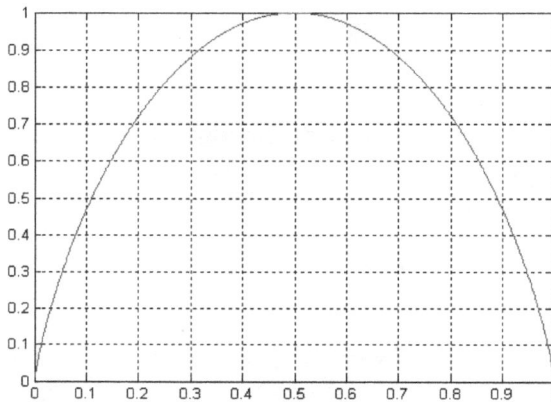

Figure 20 Entropie de Shannon pour un élément

L'indice d'entropie floue représente une mesure de distance entre l'ensemble flou μ et son associé net μ^c, dans $\wp(E)$.

La fonction proposée par De Luca et Termini pour le calcul de cet indice de fuzziness est basé sur celle de Shannon, car c'est considéré comme une mesure de référence de l'incertitude et l'information. Cependant, d'autres familles de fonctions ont été proposées comme mesure d'incertitude que dans le concept classique de la théorie de l'information, mais aussi dans le domaine de la théorie de décision et la reconnaissance de modèles.

2.4.3. Indice de décision

2.4.3.1. Introduction

L'entropie floue présentée dans la section précédente fournit un indice du flou d'un ensemble de degrés d'appartenance vis à vis d'une classe. Dans un autre contexte, nous pouvons trouver un ensemble flou dont les degrés d'appartenance représentent l'adéquation d'un seul individu dans plusieurs classes. Alors, le problème n'est pas l'adéquation d'un ensemble d'individus à une classe, mais le choix de classer un individu parmi un ensemble de classes. L'entropie floue devient alors une mesure de distance à un singleton, au lieu d'une mesure de distance à un ensemble net, comme dans la section 2.4.2.

Supposons un ensemble E et $\wp(E)$ les ensembles flous dans E, étant X un ensemble
$\{x_i\}_{i=1}^C \in E$ et $\forall i; \mu(x_i) \in \wp(E)$ un ensemble flou discret. Alors, l'ensemble flou $\mu(x)$ représente l'appartenance d'un individu à chacune des C classes. L'approche classique dans la prise de décisions est de choisir comme classe la plus adéquate celle qui présente un degré d'appartenance maximum. Cependant, ce choix lui-même peut être bien ou mal conditionné, plus ou moins fiable, en fonction de la relation de ce degré d'appartenance avec les autres degrés de l'ensemble $\mu(x)$.

Considérant l'hypothèse que le singleton (50) est l'ensemble présentant un indice de fiabilité du choix plus élevé, l'évaluation de

83

l'entropie de la décision dans µ(x) devient alors une mesure de la relation entre µ(x) lui-même et son singleton associé.

$$\mu = [0,0,...0,1,0,...0] \tag{50}$$

La figure ci-dessous illustre un ensemble flou µ(x) de sept éléments, avec un degré d'appartenance maximum pour la classe C4. Alors, la fiabilité de ce choix est évaluée face à l'incertitude en comparant µ(x) avec son singleton associé. Dans ce cas précis, la Figure 22 montre comment le choix de la classe C4 peut être considéré intuitivement plus ou moins fiable en regardant l'image.

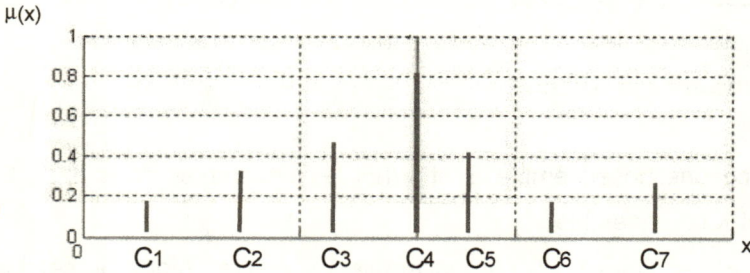

Figure 21 Ensemble flou $\mu(x)$ et son singleton associé

Pourtant, l'exemple illustré dans la Figure 22 montre comment le choix de la classe C4 devient moins fiable face à l'incertitude de la classe 2, même dans le cas ou C4 continue à être le degré d'appartenance maximum.

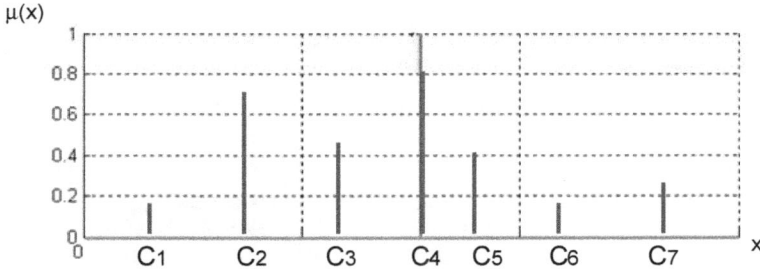

Figure 22 Ensemble flou $\mu(x)$ face à l'incertitude

La formalisation de l'entropie d'un ensemble flou comparé à son singleton a été introduit par Yager (1990), et ensuite développé par d'autres auteurs comme (Trillas,1979). Les axiomes proposés pour les indices de décision sont analogues à ceux proposés par DeLuca et Termini dans la formalisation de l'entropie floue (section 2.4.2) (Garmendia, 2003)

2.4.3.2. Proposition d'un indice de décision

Nous proposons une définition d'entropie que soit capable de fournir un indice de la qualité de la décision. Les axiomes sont proposés sur la même ligne de base que ceux proposés par De Luca Termini sur les mesures d'entropie et ceux de Yager sur les mesures de spécificité. Nous considérons toujours que le choix correspond au maximum d'appartenance, ou d'adéquation, ainsi nous aurons $\mu_M=\max[\mu_i]$. Nous introduisons une nouvelle relation d'ordre dans l'ensemble des sous-ensembles flous $\geq_F$ qui remplacera la relation de 'sharpened'. Alors, les axiomes proposés sont :

$$R1: \quad H(\mu) = 0 \Leftrightarrow \mu \text{ est un singleton}$$

$$R2: \quad \max H(\mu) \Leftrightarrow \quad \forall i, j \quad ; \quad \mu_i = \mu_j \tag{51}$$

$$R3: \quad H(\eta) \leq H(\mu) \Leftrightarrow \eta \geq_F \mu$$

Nous allons examiner l'interprétation de ces axiomes

- R1 nous indique que l'entropie nulle est atteinte lorsqu'un individu appartient à une classe avec un degré égal à l'unité tandis que les autres classes ou états possibles ont un degré d'appartenance nul. La prise de décision dans ce cas là est la plus fiable avec une entropie nulle et donc un indice d'information maximal car il n'existe pas d'ambiguïté dans le choix.

- R2 montre que l'information fournie par l'ensemble flou est nulle, lorsque tous les degrés d'appartenance sont égaux. Dans ce cas, il n'existe aucun critère fiable pour une prise de décision, et donc l'entropie correspondante est maximale. Contrairement aux axiomes présentés dans (51), l'entropie maximale n'est pas seulement considérée dans le cas d'un ensemble flou nul, mais aussi lorsque tout les degrés d'appartenance sont égaux, car c'est un scénario avec une même manque d'information.

- R3 introduit un nouvel opérateur de comparaison qui remplace celui du *sharpness* introduit par De Luca-Termini. En plus, lorsque nous considérons l'entropie maximale en fonction des relations entre degrés d'appartenance (R2) au lieu de l'attribuer à l'ensemble vide, la relation d'inclusion entre deux ensembles normalisés n'est pas une condition suffisante pour établir une relation entre les indices de fuzziness.

Alors, nous proposons une nouvelle relation d'ordre entre ensembles flous qui puisse déterminer ainsi la relation entre les indices. On cherche à définir un indice flou de décision à l'aide des différences entre l'adéquation de la décision M et les appartenances aux autres classe.

DEFINITON 1 : Étant donné un ensemble flou μ, l'ensemble $\delta(\mu)$ est appelé ensemble flou d'indécision.

$$\delta_i = \mu_M - \mu_i \quad \forall i \neq M \tag{52}$$

Nous utiliserons la définition courante du cardinal d'un ensemble flou, souvent appelé sigma-count, comme la somme des appartenances de ses éléments: $\mathbf{Card}[\mu] = \sum_{i=1}^{c} \mu_i$.

sur un même univers de discours (même nombre de valeurs d'appartenance) un ensemble flou η a moins d'incertitude pour la décision (mois flou) que l'ensemble μ si :

$$\mathbf{Card}[\delta(\eta)] > \mathbf{Card}[\delta(\mu)] \tag{53}$$

Cependant la fiabilité d'une décision doit tenir compte aussi bien de la distribution des adéquations que de l'intensité de la décision prise, qui est toujours basée sur le maximum d'appartenance.

DEFINITON 2 : soit $\mu_M = \max[\mu_i]$ et $\mu_N = \max[\mu_j; j \neq M]$, alors la dominance d'un degré d'appartenance dans un ensemble flou μ est définie comme $D_M = \mu_M - \mu_N$.

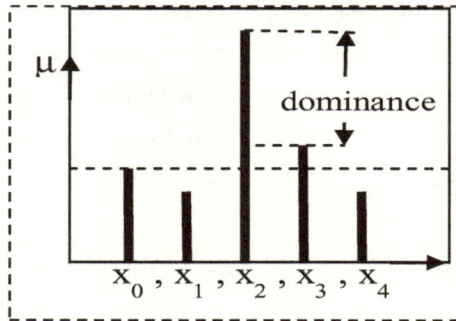

Figure 23 Dominance d'une valeur sur un l'ensemble μ

Ainsi, nous proposons un comparateur de fiabilité qui est fonction de la cardinalité de l'indice δ(μ) plus la dominance de la valeur maximale.

DEFINITION 3 : L'opérateur Fia (fiabilité décisionnelle) est défini par :

$$\mathbf{Fia}(\mu) = D_M + \mathbf{Card}[\delta(\mu)] \tag{54}$$

Ainsi une décision basée sur un ensemble non probabiliste flou η est considéré plus fiable qu'une autre basée sur l'ensemble flou μ si l'indice de fiabilité de η est plus grande que celle de μ :

$$\eta \geq_F \mu \quad \Leftrightarrow \quad \mathbf{Fia}(\eta) \geq \mathbf{Fia}(\mu) \tag{55}$$

Une fois les axiomes nécessaires posés, la prochaine étape est de définir une famille de fonctions qui les satisfont. La différence entre degrés d'appartenance d'un même ensemble est utilisée dans les définitions de mesures de distance entre deux ensembles flous (Bahandari, 1992). Ces distances mesurent le degré d'information que partagent les deux ensembles en utilisant soit la distance entre degrés d'appartenance soit son rapport. (Kosko, 1986) a proposé une distance basée sur ce principe pour la mesure d'entropie d'un ensemble flou aussi bien que pour la définition de distances entre deux ensembles.

$$l^p(A,B) = \left[\sum_i |\mu_A(x_i) - \mu_B(x_i)|^p \right]^{\frac{1}{p}} \tag{56}$$

Rao (Rao, 1982) a proposé à son tour une famille d'entropies quadratiques pour mesurer les relations entre les individus d'une population. Cette entropie fournit un indice de diversité/similitude d'une population basé sur les différences ou distances entre les individus et leur probabilité d'apparition. Cette approche a été largement utilisée dans les domaines de la biologie et la génétique (Botta-Dukat, 2005).

Nous proposons ici une généralisation de l'indice d'entropie de décision suivant la formalisation proposée par (Pal et Bezdek, 1993) dans (46) :

$$I_D[\mu] = K \cdot \sum_i^n c_i \cdot g(\delta_i) \tag{57}$$

ou :

(i) $c_i \in \Re^+$

(ii) δ_i est tel que défini dans (52)

(iii) $T_\mu : [0,1] \longrightarrow \Re^+$ est monotone croissante

(iv) K est une constante de normalisation, habituellement exprimée en fonction de $K = f((n-1) \cdot g(\mu_M))$

(58)

La constante de normalisation K correspond au maximum de la fonction de façon que $I_D \in [0,1]$. Ensuite, l'entropie de l'information est calculée comme le complémentaire de l'information, elle-même entre [0,1] :

$$H_D(\mu) = 1 - I_D(\mu) \qquad (59)$$

Cette formulation est valable avec l'identité comme fonction g. Considérant la contrainte de fonction croissante, on lui préfère une famille de fonctionnelles qui apparaît en appliquant la fonction exponentielle comme fonction g. La fonction (60), que nous avons choisie, a été présentée dans (Diez et Aguilar, 2006) et ultérieurement utilisée dans des applications de classification et reconnaissance floue (Isaza et al., 2007) (Hernandez et al. 2006)

$$I_D(\mu) = K \cdot \sum_i \delta_i \cdot e^{\delta_i} \qquad (60)$$

Plus grande est l'entropie, moins l'ensemble flou nous fournit d'information, donc moins fiable devient notre décision. En revenant à la théorie de l'information originale (Cullman et Papin, 1960) nous retrouvons la liaison entre l'entropie, en tant qu'idée de désordre, et l'information, c'est à dire la capacité de prédire un état avec un certain intervalle de certitude.

Pour analyser le comportement de l'expression dans (60) nous représentons sur la Figure 24 et la Figure 25 le cas le plus simple, c'est-à-dire le choix entre deux événements dont les appartenances sont les coordonnées du plan. :

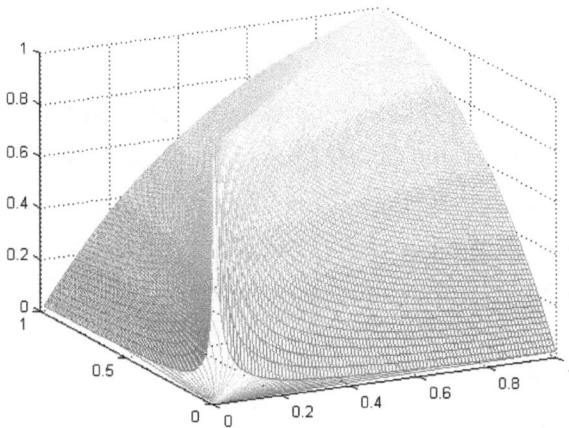

Figure 24 Surface de décision entre deux événements

Dans le cas d'égalité entre les deux degrés d'appartenance, on se trouve toujours dans la courbe d'entropie maximale. En même temps, l'entropie montre un comportement croissant proportionnel avec le degré d'appartenance, lorsque l'autre est nul.

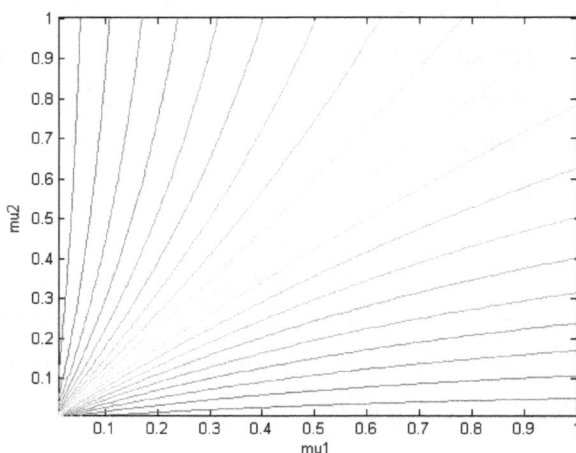

Figure 25 Surface de décision sur le plan μ₁.μ₂

En plus, la proposition d'indice d'entropie peut être étendue au cas plus général où l'hypothèse de degré d'appartenance maximum comme choix favorable est remplacée par l'hypothèse où n'importe quel degré d'appartenance dans l'ensemble μ peut être utilisé comme référence sous des critères économiques, de sûreté ou faisabilité dépendants de chaque application.

2.4.4. Indice d'information dans les données

2.4.4.1. Introduction

Les systèmes complexes sont composés de sous-systèmes. Plusieurs de ces sous-systèmes ont un fonctionnement discontinu car leur contribution au système global est nécessaire dans certaines opérations qui sont intermittentes. Ce fonctionnement vis-à-vis de l'alternance des modes passif/actif peut entraîner un manque d'information pour les algorithmes de diagnostic. Le problème de discontinuité des données fournies par les capteurs doit être pris en compte, aussi bien pour le diagnostic que pour le pronostic des défaillances. La plupart des algorithmes de diagnostic utilisent des matrices construites à partir du stockage de données anciennes, pour en extraire l'information utile. Le conditionnement des matrices est directement lié à la quantité d'information fournie par les données de l'historique, et donc influe sur la qualité du diagnostic.

Le principal problème des algorithmes récursifs est qu'ils sont sensibles à l'initialisation autant qu'aux changements brusques. Nous avons introduit dans le chapitre précédent des algorithmes qui utilisent une *fenêtre glissante*, plus adéquats dans les applications en temps réel, car ils basent leurs résultats sur les données les plus récentes. Le choix de la fenêtre est un problème délicat car l'efficacité de l'algorithme est dépendante de sa longueur (nombre d'observations). Si la longueur de la fenêtre est trop courte, les données stockées sont insuffisantes, et la précision de la réponse de l'algorithme sera trop grande et donc peu fiable. Dans le cas contraire lorsque la fenêtre est trop grande, la redondance des données peut entraîner un mauvais conditionnement matriciel qui empêchera la bonne marche de l'algorithme. D'autre part le système peut traverser des périodes d'inaction pendant lesquelles la constance de certaines valeurs peut entraîner aussi un mauvais conditionnement des matrices.

Premièrement, nous présentons un critère mathématique pour évaluer le conditionnement matriciel à partir de l'information contenue dans les données; cette approche contourne la difficulté, rencontrée souvent en temps réel, d'utiliser les critères de conditionnement classiques, dans lesquels un lourd calcul de valeurs propres est nécessaire. Le critère de conditionnement est introduit sous forme d'une distribution floue de telle sorte que l'analyse de l'entropie floue de DeLuca-Termini nous permettra de choisir la fenêtre. L'entropie floue met en relation le concept classique d'entropie de Shannon (Shannon, 1948) avec la quantification du degré d'un ensemble flou d'une façon non-probabiliste. L'objectif final de ce travail est de proposer une méthode générale pour rendre adaptatifs les algorithmes basés sur le traitement des données historiques.

2.4.4.2. Définition

L'objectif est de quantifier l'information fournie par l'ensemble des données et d'évaluer si elle est suffisante, dans le cas contraire, il faut allonger l'intervalle d'observation, par contre si l'information est redondante on raccourcira cet intervalle.

Définissons la moyenne et la matrice de covariance dans la fenêtre de longueur N :

$$m_N(t) = \frac{1}{N} \cdot \sum_1^N h^T(t) \quad , \quad \sigma_N(t) = [\sigma_{ij}] = \frac{1}{N-n} \cdot \sum_1^N (h(t) - m_N) \cdot (h(t) - m_N)^T \qquad (61)$$

Dans les algorithmes que nous avons introduit la matrice $H^T(t).H(t)$ apparaît. Le conditionnement de cette matrice est lié à la quantité d'information que $H(t)$ contient. Il peut être exprimé en fonction de la moyenne et de la matrice de covariance que nous venons de définir. Deux problèmes apparaissent :

- la présence de données stationnaires, (ou pas assez variables) que nous appelons «*problème des lignes* »

- la redondance entre données, ou «*problème des colonnes* »

2.4.4.3. Problème des lignes : indice de variabilité

On peut définir l'*indice de variabilité* $\beta \in [0,1]$ par :

$$\beta = \frac{\min_i \sigma_{ii}}{\max_i \sigma_{ii}} \qquad (62)$$

La variance minimale est donc comparée avec la maximale afin d'établir s'il y a un vecteur de données qui varie trop peu en comparaison avec la variation maximale des autres. Autrement dit, nous avons défini un index pour déterminer si une variable conditionne mal la matrice à cause de sa stationnarité.

Nous pouvons aussi définir la variabilité de chacune des variables:

$$\beta_i(t) = \frac{\sigma_{ii}}{\max \sigma_{ii}}, \text{ où } \beta_i \in [0,1] \forall i \qquad (63)$$

De cette façon, nous obtenons un vecteur d'indices $\beta(t) = [\beta_1, ..., \beta_N]^T$ comme un ensemble discret qui est interprété comme une distribution, ou sous-ensemble, flou, qui nous indique le degré d'information provenant de la variabilité de chacun des signaux à l'instant t dans la fenêtre temporelle $[t - N, t - 1]$.

2.4.4.4. Problème des colonnes : indice de corrélation

Il s'agit de déterminer l'*indice de corrélation* ou degré de dépendance entre deux variables, qui correspondent à deux colonnes de la matrice *H*. D'abord nous utilisons la matrice de corrélation **R** :

$$\mathbf{R} = \lfloor r_{ij} \rfloor \quad \text{avec } r_{ij} = \frac{\sigma_{ij}}{\sqrt{\sigma_{ii} \cdot \sigma_{jj}}} \quad \text{et } \forall i; \quad r_{ii} = 1 \text{ et } 0 \geq r_{ij} \geq 1 \tag{64}$$

En posant $C = R - I$ on élimine les termes d'autocorrélation diagonaux, alors $c_{ii} = 0$ et $c_{ij} = r_{ij}$. Alors nous proposons l'indice de conditionnement des colonnes à partir de la matrice de corrélation :
$$\gamma(t) = 1 - \max \lfloor c_{ij} \rfloor \tag{65}$$

Comme précédemment pour $\beta(t)$, on peut étendre l'indice de corrélation des colonnes à l'ensemble des variables et on obtient alors :

$$\gamma_{ij}(t) = 1 - c_{ij} \qquad\qquad (66)$$

Posons $M = \frac{N \cdot (N-1)}{2}$, c'est-à-dire le nombre d'éléments non nuls et différents dans la matrice C, alors on peut ordonner les valeurs de $\gamma_{ij}(t)$ dans le vecteur $\gamma(t) \in \mathcal{R}^M$. Ce vecteur peut aussi être considéré comme une distribution, ou sous ensemble, flou.

Les indices β et γ sont normalisés dans l'intervalle unitaire, ce qui facilite les comparaisons; leur calcul sera utilisé pour évaluer l'information des données dans l'intervalle de temps considéré, et éviter de faire des calculs mal conditionnés qui risquent de donner des résultats incohérents.

2.4.5. Conclusions

Dans le cas qui nous concerne dans ce chapitre, les degrés d'appartenance nous informent de l'adéquation d'un seul individu à plusieurs classes, et donc sur la validité de la décision à prendre. L'individu est représenté par l'ensemble de variables qui définissent l'état actuel du système diagnostiqué en ligne et les classes sont les états possibles connus de notre système où les états de défaillance sont aussi pris en compte.

À partir du vecteur des variables mesurées sur le système, observées au temps présent, on assigne un degré d'appartenance à chacun des états modélisés dans le système de diagnostic. L'état ayant le degré d'appartenance le plus grand est considéré comme celui dans lequel le système évolue. La fiabilité du choix final de l'état à l'instant présent est donc directement liée à la capacité d'élection parmi les degrés d'appartenance quand la valeur maximale n'est pas nettement claire. Cette méthode a été utilisée pour le diagnostic et la supervision de processus complexes (biologiques, chimiques,...) au moyen d'outils de classification floue (Isaza et al., 2007) (Hernandez et al., 2006).

Un indice d'information a été proposé dans le but d'évaluer l'information fournie par les signaux d'entrée/sortie aux algorithmes de diagnostic. Cet indice pourra nous aider à valider la qualité de l'information fournie aux algorithmes aussi comme de valider les données stockées dans l'historique pour une éventuelle utilisation de ces enregistrements dans le pronostic du vieillissement hors-ligne.

3. CHAPITRE III: PRONOSTIC DE DEFAILLANCES ET SURVEILLANCE DU VIEILLISSEMENT

3.1. Introduction

L'objectif du diagnostic est la détection et l'identification de l'état ou mode opérationnel d'un système dans l'instant actuel. La surveillance d'un système consiste à diagnostiquer ses états et modes défaillants. Pourtant, dans de situations critiques on pourrait raisonner que la prédiction des défaillances est même plus souhaitable que le diagnostic des défaillances. Le pronostic est la prédiction des possibles états futurs dans lesquels un système peut évoluer. Alors, une fois les états futurs identifiés, le pronostic nous permettrait aussi d'estimer le temps de vie restant d'un système à partir de son état actuel jusqu'à un état défaillant. Dans le domaine de la fiabilité le temps de vie restant d'un système est appelé RUL, d'après l'anglais Remaining Useful Life. Cette approche permet d'aborder le problème de la maintenance adaptative ou prédictive de systèmes et composants dans le but de réduire les couts directs de maintenance ainsi que d'augmenter la sécurité de systèmes dans le cas de pannes subites ou brusques.

La maintenance sur la plupart de systèmes, telle qu'elle est réalisée aujourd'hui, consiste en des actions et des révisions (*overhaul* dans la terminologie anglaise) programmées périodiquement en base à une connaissance à priori des modes de défaillances du système. Cette connaissance à priori du système est obtenue par l'analyse, d'un point de vue de la fiabilité, des données fournies par des tests en banc d'essais. Comme décrit dans le premier chapitre, le but de la maintenance est la maintenance prédictive, PdM d'après l'abréviation anglaise, qui permet la programmation des opérations de maintenance sous des critères optimaux de sûreté de fonctionnement et de minimisation des couts d'opérations.

Dans ce chapitre nous introduisons le concept de fiabilité et pronostic comme base de la maintenance prédictive. Ensuite, ce chapitre contient la description des méthodologies utilisées pour le pronostic, la modélisation de la dégradation et du vieillissement, ainsi que notre positionnement dans ce contexte. Finalement, ce chapitre présente les travaux réalisés dans le domaine du pronostic avec l'objectif la surveillance de la dégradation et la maintenance prédictive.

3.2. Généralités de la fiabilité

Les défaillances peuvent être classées en défaillances dures (hard failures) et défaillances soft (soft failures, ou défaillances progressives). Les premières sont dues à des événements soudains et difficiles à prédire, ces défaillances inattendues affectent gravement le fonctionnement normal du système. Les défaillances *soft* sont liées à une perte de performance plutôt qu'à une défaillance qui perturbe de façon évidente le fonctionnement normal du système. Son apparition n'est pas soudaine comme dans le cas des premières, mais en forme de tendance autour du point de travail du système montrant une évolution vers des états moins performants. La dégradation ou vieillissement d'un système est l'évolution de ce système vers des états moins performants au cours de sa vie utile. Ces états dégradés sont ceux qui présentent une fiabilité plus petite, autrement dit, un risque de défaillance majeur. Or, un certain niveau de dégradation ou de perte de la performance d'un système est considéré une défaillance dite soft (Meeker, 1998). La surveillance de la dégradation d'un système pourrait nous permettre de prédire les défaillances avec un rang de probabilité de défaillance, et donc d'adapter les opérations de maintenance au futur état du système.

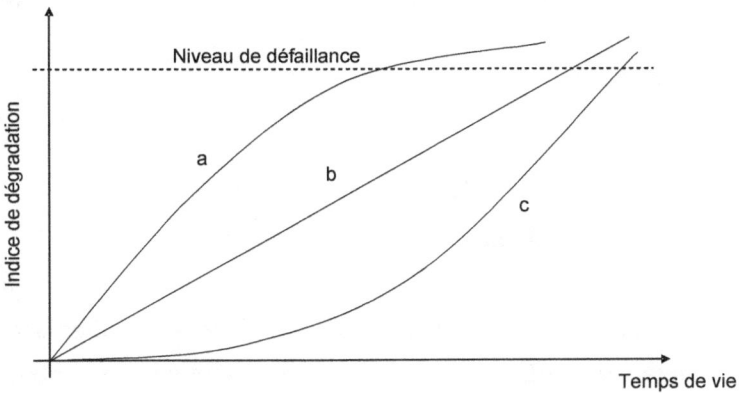

Figure 26 Tendances de dégradation

Un concept clé dans le domaine de la fiabilité est la durée de vie utile d'un système (temps jusqu'à la défaillance), représentée par la fonction de distribution de probabilité (PDF de l'anglais probability distribution function). Le PDF est donc une expression mathématique de la probabilité de défaillance d'un système. Les plus couramment utilisés sont le PDF Normal, ou dans sa version logarithmique, la distribution log-normale, la distribution de Gumbel, la distribution Gamma. La distribution de Weibull (Weibull, 1939) est notamment la distribution plus utilisée dans la modélisation de la durée de vie d'un système (Crouder, 1991). Toutes les PDF mentionnées sont des fonctions de distribution paramétriques, elles dépendent de paramètres statistiques décrivant la distribution et ses propriétés. Dans le cas de la distribution de Weibull, elle est décrite par deux paramètres de forme et d'échelle qui définissent la fiabilité F(t) en fonction du temps :

$$F(t) = 1 - e^{-\left[\frac{t}{\eta}\right]^{\beta}} \qquad (67)$$

où,

η est la caractéristique de vie

β est le paramètre de forme

Les 'hazard functions' sont des formulations mathématiques particulières des PDF conditionnelles, représentant la probabilité d'occurrence d'une défaillance basée sur l'historique du système et sur l'hypothèse qu'aucune défaillance n'est arrivé jusqu'à présent (Crouder, 1991). En quelque sorte, les fonctions de hazard reflètent la tendance de la dégradation conditionnées aux états historiques:

$$h(t) = \frac{-\dot{R}(t)}{R(t)} \qquad (68)$$

Où R(t) est définie comme:

$$\mathbf{R(t)} = \Pr(\mathbf{T} > \mathbf{t}) \tag{69}$$

Et T est la variable aléatoire représentant le temps jusqu'à la défaillance.

3.3. Contexte : vieillissement et dégradation

Dans le présent travail les suivantes hypothèses sont prises dans la définition du vieillissement. Les méthodologies et algorithmes proposées dans cette étude pour la supervision du vieillissement et le pronostic de défaillances s'appuient sur ces hypothèses.

3.3.1. Unicité du système surveillé

Les tests en banc d'essais appliqués dans l'industrie ont pour but la modélisation de la fiabilité du système au cours de sa vie. Ces tests sont réalisés sur une population d'individus identiques par hypothèse sous des conditions de travail représentatives des conditions de travail réelles. Malgré les résultats statistiquement significatifs fournis par cette méthode, les systèmes une fois opérationnels ne travaillent pas sous de conditions équivalentes. Premièrement, il faut prendre, bien évidemment, en compte les variabilités propres de la production. Ensuite, ce scénario est encore plus incertain dans le cas du domaine aéronautique, car le système avion, et donc ses sous-systèmes et composants, ne sont pas soumis qu'aux variabilités liées à la conception mais aussi à des conditions météorologiques différentes selon les routes assignées, fréquence des vols, durée des vols, et à toute sorte d'éventualités pendant le vol, le décollage ou l'atterrissage.

Suite à ce raisonnement, nous introduisons l'hypothèse d'unicité ou d'individualité de chaque système ou sous-système au lieu de considérer une population statistique. Cette approche nous offre l'avantage de considérer le pronostic en ligne pour chaque système comme un individu dynamique et évoluant, tandis que les méthodes statistiques de fiabilité sont basées sur des estimations de la vie du système obtenues hors ligne sur une population sous de conditions de travail statiques.

3.3.2. Dégradation cumulative et causalité

Certains auteurs ont établi la différence entre deux types de défaillances : les défaillances intermittentes (intermittent failures, IF) et les défaillances permanentes (permanent failures, PF). Les défaillances permanentes sont celles qui peuvent être restaurées, soit en réparant le composant défaillant soit en le remplaçant. En conséquence, les défaillances permanentes sont la cause principale des couts de maintenance élevés. D'autre part, les défaillances intermittentes sont liées à des phénomènes indésirables ou anormaux qui affectent la performance du système de façon temporelle. La définition des défaillances intermittentes est basée sur l'hypothèse que la propre dynamique du système est capable de s'auto récupérer et reprendre son fonctionnement normal. Dans la littérature nous trouvons l'hypothèse de causalité entre ces deux types de défaillances (Correcher et al, 2005), la présence continue et accumulée de défaillances intermittentes mène à une défaillance permanente :

$$\sum_i^n IF_i = PF \qquad (70)$$

L'équation ci-dessus exprime l'idée que l'arrivée de IF sur un système est le prélude d'une défaillance permanente à cause de la dégradation progressive due au vieillissement. Comme conséquence de cette hypothèse, la surveillance et le diagnostic des IF pourraient s'utiliser dans le pronostic des défaillances permanentes, et donc dans la PdM (maintenance prédictive).

Les défaillances intermittentes peuvent même ne pas être considérées comme défaillances elles-mêmes, mais comme des observations anormales sur le système ou des erreurs de sortie instantanées remarquées dans la méthode de diagnostic sous un seuil de détection (Correcher, 2006). En plus, le seul manque d'information sur l'état d'un système ou l'impossibilité même de réaliser une estimation sur son état pourrait être interprété comme une anomalie due à un changement dans la dynamique du système (Cullman, 1968). Suivant l'hypothèse de causalité résumée dans (70), l'accumulation de ces observations, bien qu'insuffisantes pour la propre détection d'une défaillance, peut conduire à la dégradation du système.

Ensuite, l'objectif consiste en assurer l'observabilité des IF. Cette entreprise n'est pas toujours évidente car les méthodes de pronostic doivent traiter des observations qui soient indicateurs du vieillissement et la dégradation du système même si elles ne sont pas des défaillances proprement du système. Les indicateurs de vieillissement (Correcher et al. 2005) sont les variables observables d'un système liées par causalité à la dégradation du système. Grace à ces indicateurs, les IF définies auparavant peuvent devenir observables. La surveillance des indicateurs de vieillissement peut alors être utilisée de façon indirecte dans le pronostic de défaillances et l'estimation de la dégradation en base à l'hypothèse de causalité (Brotherton et al., 2000) (Byington et al., 2002). Un exemple illustratif dans la littérature (Meeker et al. 1998) montre comment dans certaines applications comme les lasers, la dégradation, ou vieillissement, du système, peut être estimée de façon indirecte au moyen de la surveillance de l'intensité du courant absorbé par le laser au réseau électrique. La puissance du laser est la variable directe plus indicative de la performance de ce système quoique difficilement utilisable dans le pronostic car le système lui-même se régule pour la garantir constante. Pourtant la dégradation du système peut être estimée en s'appuyant sur une mesure indirecte, représentative du vieillissement comme l'intensité d'entrée au système. Les essais on montré comment l'intensité absorbée par le laser augmente dès que le système a plus de mal à garantir la puissance du laser constante à cause de la dégradation. L'augmentation de l'intensité d'entrée serait dans cet exemple la défaillance intermittente, tandis que l'intensité du courant joue le rôle de l'indicateur de vieillissement qui la rend observable. Cet exemple illustre comment l'augmentation de l'intensité n'est pas une défaillance elle-même, mais une observation ou mesure d'une situation indésirable. Cependant, c'est la surveillance de cette variable qui pourrait nous indiquer un état de dégradation du système proche de la défaillance, en nous permettant une programmation prédictive de maintenance.

En conséquence, cette approche conseillerait une architecture du pronostic couplée avec le diagnostic, d'où le partage d'information entre les deux méthodes. La figure schématique ci-dessous représente l'architecture horizontale, introduite précédemment.

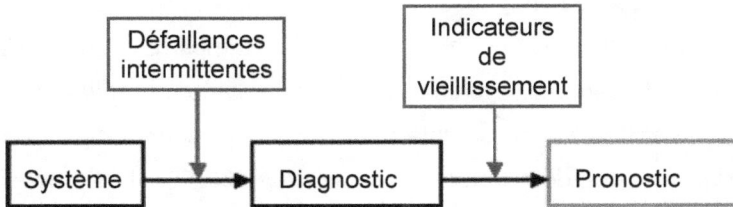

Figure 27 Schéma de l'interaction Diagnostic-Pronostic

Certains auteurs (Brotherton et al., 2000) (Byington et al., 2002) ont groupé les approches basé sur cette coopération entre méthodes de diagnostic et de pronostic sous le nom technologies de ADP (anomalies, diagnostic et pronostic). Ainsi, le but du diagnostic ne devient pas seulement la détection de défaillances mais aussi fournir information sur l'état actuel et l'historique du système pour le pronostic, qui à son tour a comme but la maintenance prédictive (PdM).

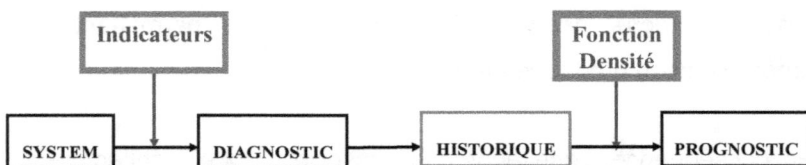

Figure 28 Indicateurs dans la relation le diagnostic et pronostic

3.3.3.   Modèle variant dans le temps

Les méthodes de diagnostic à base de modèles travaillent avec l'hypothèse des modèles invariants dans le temps. La comparaison du signal de sortie du système réel avec la sortie du modèle face à la même entrée fournit un critère : la signature, pour la détection et localisation de défaillances (Chowdhury, 2007). Les modèles invariants dans le temps pourraient être considérés appropriés lorsque le diagnostic du système est réalisé autour d'un point opérationnel normal, considérant toute dérive de cet état normal comme une défaillance. Cependant, comme il a été introduit précédemment, la dégradation pourrait être vue comme un changement dans la dynamique normal du système même si le système n'est pas défaillant. Ainsi, une approche de modèle variant dans le temps pourrait exprimer les changements de dynamique du système au cours de sa vie utile bien que le système pourrait ne pas être affecté par une défaillance (Brotherton, 2000).

La théorie des modèles hybrides a été introduite dans le chapitre 2. Cette approche présente comment un ensemble de sous-modèles linéaires peut arriver à décrire un modèle non linéaire plus complexe. Suivant ce raisonnement, la dégradation vue comme un processus non linéaire pourrait être décrite par un modèle hybride, variant dans le temps, dont chaque sous-modèle serait associé à une étape du vieillissement. Ainsi, un modèle variant dans le temps pourrait être représentatif de la dégradation d'un système. Cette approche basée sur l'hypothèse de modèle variant dans le temps peut devenir une solution très utile face à systèmes présentant peu de défaillances au cours de leur vie utile. Pourtant, il faut remarquer que cette approche aurait des résultats redoutables appliquée sur de systèmes avec une durée de vie courte, soit présentant une dégradation nulle avant la défaillance permanente, par court circuits ou coupures électriques.

3.4.   Méthodologies de pronostic

3.4.1.   Généralités des approches de pronostic

Les méthodes proposées dans la littérature sont basées sur une combinaison du retour d'expérience de la connaissance du système hors ligne (connaissances a priori) et des données en ligne fournissant des informations réelles de l'état du système (connaissance à posteriori) (Muller, 2004). Comme résultat de cette combinaison, la surveillance du système devient plus flexible face au pronostic de la dégradation et la prédiction des défaillances, en adaptant les décisions pour chaque système unique en temps réel. En outre, la méthodologie travaille avec l'hypothèse que la "connaissance a posteriori" serait fournie aux algorithmes de pronostic par les méthodes de diagnostic. Ainsi, le système de diagnostic est le responsable de fournir les informations et observations utiles qui devraient parachever le pronostic de la dégradation et des états de défaillances permanentes du système.

Les approches fiabilistes sont basées sur une même architecture de surveillance. La connaissance a priori est utilisée pour définir une distribution de fiabilité du système basée sur des tests en banc d'essai. Ces distributions sont basées sur des tests de vie accélérés qui affectent la dégradation de modèle (Meeker, 1998). Pourtant, les systèmes complexes sont plus communément composés par des sous-systèmes qui affectent la performance du système global afin de l'adapter aux nécessités opérationnelles. Certains de ces sous-systèmes ont une contribution discontinue ou intermittente à la dynamique du système (Hahn, 1994) (Wells, 1990). Par conséquent, les discontinuités dues à l'alternance des modes actif / passif serait la cause d'une insuffisance de l'information fournie aux algorithmes de diagnostic et de pronostic qui devraient être pris en compte(Correcher, 2005).

Du point de vue de l'architecture, des méthodes de pronostic on considère deux stratégies d'implémentation : l'architecture verticale et l'architecture horizontale. L'architecture horizontale base le pronostic sur l'état actuel du système et les résultats du diagnostic en ligne. Contrairement, dans la stratégie verticale le pronostic n'est pas explicitement dépendant du diagnostic mais il est considéré dépendant des entrées du système et de ses conditions de travail. Donc, le pronostic et le diagnostic sont censés travailler en série dans le premier cas, tandis qu'ils travaillent en parallèle dans le deuxième. La stratégie horizontale est considérée dans la littérature comme plus appropriée pour la prédiction de fiabilité et temps de vie des systèmes, car elle prend en compte l'intégration des informations fournies par le diagnostic concernant l'état actuel du système. Pourtant, la stratégie verticale est conseillée lorsque les donnés disponibles fournies par les capteurs sont insuffisantes (Byington, 2002). Finalement, il faut remarquer deux aspects génériques du pronostic quelque soit la stratégie employée. D'abord, il faut avoir toujours présent que le pronostic est accompagné d'une composante inhérente d'incertitude puisque nous traitons la prédiction à long terme. Ensuite, il faut signaler que les méthodes de pronostic, ainsi que celles de diagnostic, peuvent être générales du point de vue théorique, mais très spécifiques du point de vue de chaque application, donc les méthodes de pronostic auront besoin d'une adaptation en fonction du système surveillé.

3.4.2. Approches au pronostic de défaillances

Plusieurs méthodes de pronostics et surveillance (Prognostic and Health monitoring PHM) ont été élaborées dans le but de la détection et du classement des défaillances d'un système durant sa vie utile. Ces technologies ont été appliquées à différents domaines, comme l'aéronautique et l'aérospatiale, de manière à améliorer les opérations de maintenance vers la CBM (condition-based maintenance) suivant les critères économiques et de sûreté du fonctionnement (Byington, 2002).

Comme remarqué précédemment, les approches de pronostic peuvent être génériques dans le design, mais spécifiques pour chaque application. Les études réalisés dans le domaine du pronostic ont utilisés plusieurs approches et algorithmes aussi bien basés sur le traitement statistiques de l'historique des données que basés sur la connaissance physique des modes défaillants.

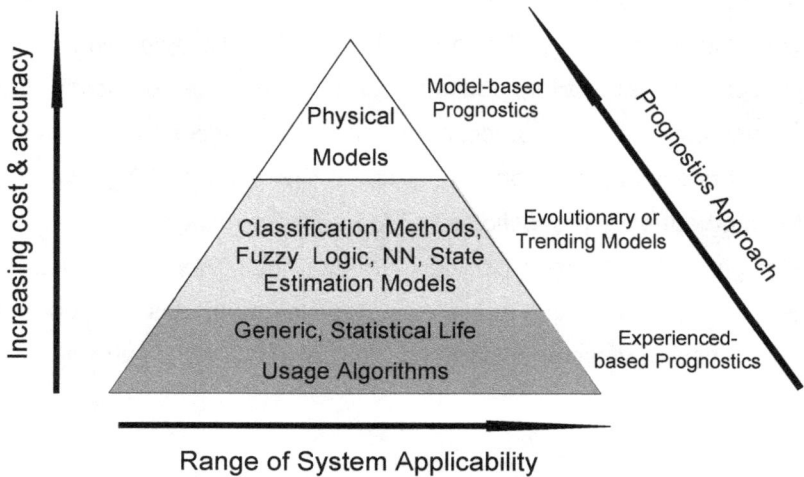

Range of System Applicability

Figure 29 Approches au pronostic de défaillances

La figure ci-dessus montre la hiérarchie des approches de pronostic triées selon le critère de rang d'application et le critère de rapport cout/précision. LeTableau 4 résume le niveau de connaissance et les caractéristiques de donnés nécessaires disponibles pour l'application correcte des approches.

	Experienced-based	Trending models	Model-based
	No sensor/No model	Sensors/No model	Sensors/Model
Engineering model	*Not required*	*Beneficial*	*Required*
Failure history	*Required*	*Not required*	*Beneficial*
Past operating conditions	*Beneficial*	*Not required*	*Required*
Current conditions	*Beneficial*	*Required*	*Required*
Fault patterns	*Not required*	*Required*	*Required*
Maintenance history	*Beneficial*	*Not required*	*Beneficial*

Tableau 4 Connaissance vers implémentation des approches de pronostic

La disponibilité de données, les modes de dégradation ou défaillances, la possibilité de modéliser le système, la connaissance à priori du système lui-même, sont des critères importants à prendre en compte lors du bon choix de l'approche de pronostic. Ainsi, le niveau de précision, la criticité de l'application et les couts de calcul associés sont aussi de contraintes qui vont contribuer dans le procès de choisir la bonne approche. Ensuite, les trois approches plus significatives du pronostic vont être présentées dans leur aspect le plus généraliste.

3.4.2.1. Approches basées sur l'expérience

Ces méthodes sont habituellement utilisées lors de l'insuffisance de données des capteurs disponibles ou dans des applications avec une pauvre information fournie par les indicateurs de vieillissement du système. Cette approche est la moins complexe et exige l'historique de défaillances du système. Typiquement, une population de N systèmes est soumise à des tests accélérés de durée de vie en banc d'essai. Les résultats fournis par les tests sont présentés en fonction du temps de vie jusqu'à la défaillance et de modes de défaillances. Ces donnés obtenues sont traitées statistiquement afin de caractériser la fiabilité du système en estimant des fonctions de distribution. La fonction de distribution de Weibull est la plus fréquemment utilisée dans ces approches (Groer 2000, Schomig, 2003). Quoique simpliste, cette approche est utilisée dans la programmation des opérations de maintenance en utilisant les variables statistiques fournies par les fonctions de distribution, comme le MTBF (temps moyen entre deux défaillances) ou le MTTF (temps moyen entre défaillances) dans les cas des systèmes réparables. En outre, les résultats obtenus dans ces approches constituent une connaissance à priori solide sur laquelle d'autres approches plus développées peuvent s'appuyer (Meeker, 1998).

3.4.2.2. Approches basées sur des modèles physiques

Ces méthodes sont traditionnellement utilisées pour comprendre les mécanismes des défaillances d'un système d'un point de vue physique. Les modèles sont développés en intégrant la connaissance du système physique souvent à un niveau élémentaire avec les techniques de modélisation stochastique. Les modèles obtenus peuvent être utilisés pour évaluer la vie utile restante du système en fonction de ses propriétés physiques et les équations déterministes des modes de défaillance. Ainsi, l'évolution des défaillances peut être extrapolée en base de ces modèles physiques dans le but du pronostic et la maintenance prédictive. Pourtant, les résultats de ces approches montrent des intervalles de confiance limités lorsque les paramètres du modèle physique ne sont pas connus avec précision.

Cette approche est rigide en termes d'application, car est basé sur la connaissance des équations physiques du système. Cependant, ces approches déterministes montrent un manque de flexibilité lorsque la maintenance prédictive est envisagée pour chaque système traité de façon individuelle.

3.4.2.3. Approches à base de tendances

Les approches 'trending' peuvent être implémentées sur des systèmes dont les défaillances arrivent comme suite d'une dégradation progressive ou une perte de performance. Cette approche nécessite une connaissance à priori du système qui permettrait l'identification de ses modes de fonctionnement, soit défaillants soit normaux (Meeker et coll., 1998). L'utilisation des caractéristiques mesurables ou d'indicateurs est la caractéristique particulière des méthodes considérées dans cette approche. Ces indicateurs de vieillissement, auparavant introduits, sont identifiés parmi les variables mesurées du système, et ensuite ils sont corrélés avec les modes défaillants du système. Ainsi, l'évolution de ces indicateurs peut être surveillée de manière à fournir des prédictions de défaillance ou d'estimations de la durée de vie utile restante du système (Roemer et al., 2002).

Parmi les approches *trending*, les méthodes utilisant l'intelligence artificielle et ceux basées sur les estimateurs d'état méritent une mention spéciale, en tant que méthodes performantes très souvent utilisées. Les méthodes d'IA appliquent au pronostic les mêmes ressources que dans d'autres applications, comme des techniques de classification et de reconnaissance floue, ainsi que d'autres domaines de la logique floue, et les réseaux de neurones. Les techniques de classification utilisent les informations fournies par les indicateurs afin de réaliser la reconnaissance et identification des modes défaillants ou des états dégradés d'un système (Simon et al., 2004). Les réseaux neuronaux (RdN, ou ANN de l'anglais Artificial Neural Network) sont utilisés dans le domaine du pronostic de façon à créer une "boite grise" qui estime et prédit la tendance de la dégradation de l'état d'un système au moyen des informations des indicateurs caractéristiques du système (Roemer et al., 2002). Cette prédiction est basée sur l'entrainement du réseau en utilisant différentes techniques (Muller, 2004). Les transitions entre les états de dégradation du système, sont estimés avec les RdN, soit identifiés avec les techniques de classification, en utilisant des méthodes d'apprentissage Bayesien ou possibiliste. Une extension intéressante des méthodes en IA conduit aux réseaux Bayesiens. Ils sont conçus pour déterminer les probabilités des possibles états futurs du système en combinant les données historiques de la dégradation avec les caractéristiques et les indicateurs à l'état actuel (Crouder, 1991). Les nœuds du réseau sont les états du système, et les probabilités de transition d'un état actuel aux possibles états futurs sont définies par les indicateurs actuels du système ainsi que par la connaissance de la trajectoire suivie par le système dans le passé. Les probabilités a priori dans les réseaux Bayesiens doivent être introduites par l'expert ; c'est une décision essentielle car elles peuvent changer complètement la propagation des probabilités dans le réseau. Cette question a été étudiée aussi bien dans le domaine de la probabilité subjective (Spizzichino, 2001).

Les méthodes de pronostic à base d'estimateurs d'état utilisent des techniques d'estimation et prédiction d'état telles que les modèles ARMAX (méthodes de Box-Jenkins) ou le filtre de Kalman (Sarkka, 2004) (Simon, 2004). Ces méthodes sont utilisées pour surveiller les variables d'état du système qui peuvent servir comme indicateurs d'une évolution de la dégradation vers une défaillance, donc travaillant en conjonction avec les algorithmes de diagnostic (Byington, 2002). Cette approche est dépendante du modèle du système et des caractéristiques du bruit, qui génère dans l'algorithme certains problèmes à cause de l'estimation des covariances (Brotherton, 2000). D'autre part, elles fournissent une information claire de l'état du système tandis que les RdN sont comme une boite grise en tenant compte seulement de la sortie. En conséquence, les RdN sont très dépendantes de l'étape d'entraînement, qui peut devenir un inconvénient à cause de l'hypothèse d'unicité pour chaque système, ses conditions de travail et sa trajectoire de dégradation. Alors, cette méthode pourrait devenir très lourde si toutes les variables étaient prises en compte (Roemer, 2002).

3.4.2.4. Algorithme générale du pronostic

Un concept clé dans les approches de trending est la durée de vie utile, représentée par la fonction de distribution de probabilité (PDF). Le PDF est une expression mathématique de la probabilité de défaillance d'un système. Les fonction de distribution les plus couramment utilisées sont la distribution de Weibull, comme précédemment introduit (Crouder et al., 1991). Les fonctions de distribution estimées d'après les résultats des tests en banc d'essais représentent une expression statique de la fiabilité du système, dans le cadre des méthodes de fiabilité statistique présentées auparavant. En profitant de la connaissance de la fiabilité du système, les informations fournies par les indicateurs de dégradation peuvent être fusionnées en ligne. Ainsi, la fiabilité du système est représentée par une fonction de distribution conditionnelle qui est recalculé à chaque instant, actualisée grâce à la connaissance de l'état actuel du système et son historique fourni par le diagnostic (Spizzichino, 2001).

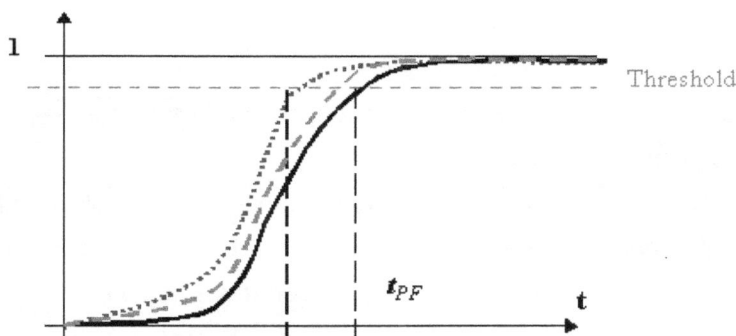

Figure 30 Distribution de probabilité récursive

La figure ci-dessus montre les actualisations récursives pour une distribution de Weibull. Le procès d'actualisation de la fiabilité du système est bien représenté par la Figure 28 de la section 3.3, où les informations représentatives du diagnostic du système sont utilisées dans le pronostic, obtenant comme résultat une nouvelle estimation de la fiabilité du système. L'utilisation d'un seuil de détection fournit un intervalle de certitude à la prédiction. La théorie des probabilités conditionnelles et des probabilités subjectives a été étudiée par certains auteurs, elle est consacrée à la modélisation de la durée de vie conditionnelle des systèmes (Spizzichino, 2001).

L'algorithme généraliste pour l'actualisation des probabilités conditionnelles pourrait s'exprimer de façon qualitative comme la suite des actions suivantes (Griful, 2001) (Meeker, 1998) :

1	Identification des modes de fonctionnement du système (M_{Di})
2	Identifier la variable défaillante
3	Estimer la distribution de fiabilité (ou modèle de probabilité) plus appropriée décrivant le comportement de la défaillance (*connaissance à priori*) et la dégradation (tests de durée de vie)
4	Identifier les indicateurs de dégradation et établir les liens avec les modes défaillants
5	Surveiller les indicateurs et fournir l'information du diagnostic au pronostic
6	Actualisation des distributions de fiabilité
7	Calcul de la durée de vie restante ou le niveau de dégradation

Le schéma suivant illustre la possibilité de maintenir, après une phase initiale de modélisation à priori, une boucle adaptative qui met à jour régulièrement le pronostic.

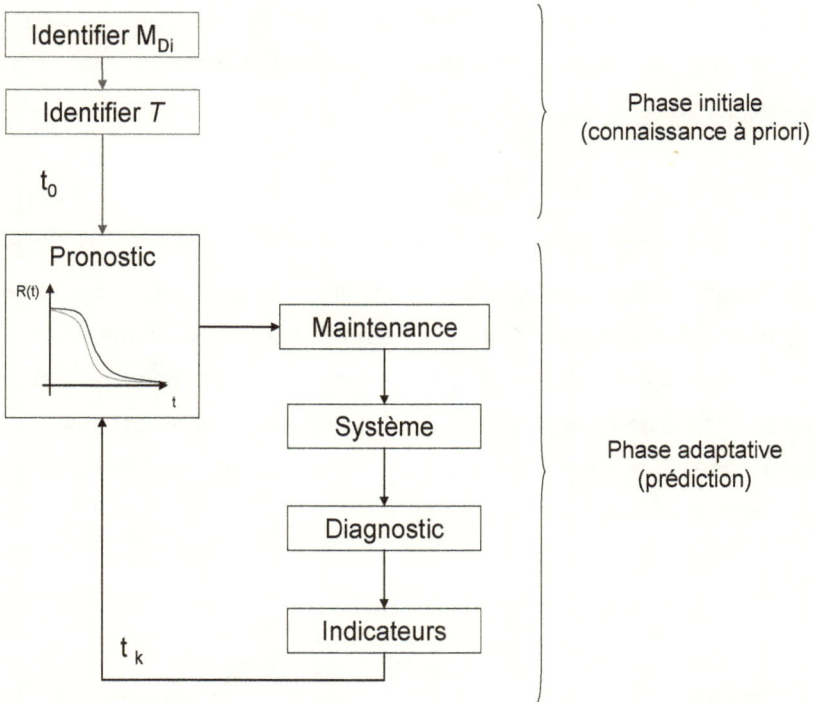

Figure 31 Schéma de l'algorithme adaptatif de pronostic

3.4.3.   Méthodologies basées sur approaches de tendances

3.4.3.1. Méthodes statistiques

L'approche la plus simple, statistiquement, consiste à chercher une relation linéaire entre le temps et la variable dont on désire détecter la tendance; cette linéarité est recherchée dans un ensemble de N échantillons obtenues d'une population de i systèmes. Les méthodes statistiques sont basées sur les données obtenues en banc d'essais des tests de vie accélérés. Les résultats de ces tests essaient de mettre en relation la variable, ou les variables, observées comme indicateurs du vieillissement avec la dégradation :

$$y_{ij} = D_{ij} + \varepsilon_{ij} \tag{71}$$

L'observation y_{ij} correspond à l'échantillon j-ième du i-ième système de la population testée. Cet indicateur est associé de forme linéaire à la dégradation (D), sous l'hypothèse d'un bruit banc gaussien indépendant de la dégradation. Ensuite, la dégradation est modelée avec une expression en fonction du temps et des paramètres mathématiques β_k, avec k=[1..K] :

$$D_{ij} = f\left(t_{ij}, \beta_{1i}, ..., \beta_{ki}\right) \tag{72}$$

Ce modèle mathématique est adapté aux données en appliquant le critère des moindres carrés, c'est à dire des écarts entre la droite supposée fonction linéaire du temps t_{ij}, et les valeurs observées y_{ij}. L'objectif final est d'estimer une fonction de fiabilité, F(t), en fonction du vecteur de paramètres θ_β (Meeker, 1998):

$$F(t) = \Pr(T \leq t)$$
$$F(t, \theta_\beta) = \Pr\left[D(t, \theta_\beta) \leq D_s\right] \tag{73}$$

Le modèle plus simpliste est le modèle linéaire, avec k=2. Habituellement, le nombre de paramètres utilisé est de k=4. L'expression ci-dessous illustre la fonction à minimiser dans le cas linéaire :

$$\sum_{N\,\text{échantillons}} \left((a.t_i + b) - y_i \right)^2 \qquad (74)$$

Cependant, une étude préliminaire du mode de dégradation du système nous fournira le critère pour fixer le nombre de paramètres du modèle de dégradation.

Comme signaler auparavant, ces méthodes sont approximées à une population statistique et ne montrent pas un comportement adaptatif face aux variations de performance ni à l'hypothèse d'unicité de chaque système. La figure ci-dessous illustre l'expression linéaire du vieillissement avec 100 échantillons (bleu) et 10 échantillons (rouge), montrant ainsi la dépendance de ce méthode sur les données statistiques :

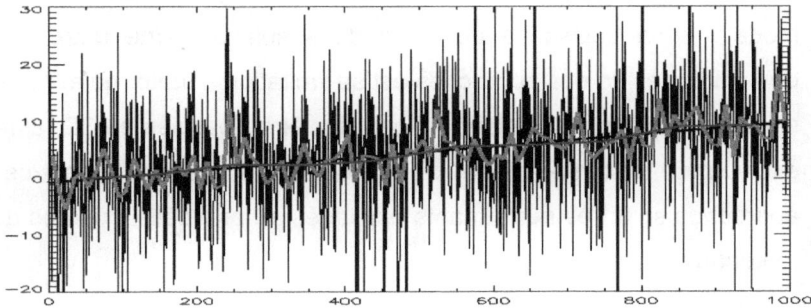

Figure 32 Tendance linéaire du vieillissement

3.4.3.2. Méthodes à base de simulation

La connaissance à priori du système comme base de la méthode est dans ce cas obtenue à partir de la modélisation physique du système. Cette modélisation n'est pas réalisée au moyen d'un système d'équations différentielles, comme introduit dans la section 3.4.2, mais à base de modèles d'éléments finis à l'aide d'outils de dessin. Une fois modélisé le système, les conditions initiales et les trajectoires à simulés sont appliqués au modèle. De la sorte, en appliquant des trajectoires répétitives d'un certain profile déterminé, les résultats de ces simulations pourraient être traités comme des preuves de vie en banc d'essais. Générer les résultats à l'aide d'un modèle physique à éléments finis proportionne l'avantage d'éviter l'endommagement, même la destruction, du système réel. En plus, la connaissance sur le système combiné au fait que les tests soient appliqués sur un modèle, permet avoir accès à certains variables du système qui resteraient inobservables aux yeux du réseaux de capteurs installés sur un système réel. Par contre, il faut avoir toujours présent que les résultats sont limités par la précision du modèle et la puissance de l'outil de simulation. Une autre des désavantages de ces approches est sa limitation à traiter qu'avec de systèmes ou sous-systèmes qui peuvent être dessinés en 3D, ainsi excluant de systèmes globaux plus complexes. Habituellement ces approches sont très performants appliqués au pronostic d'usures de matériaux.

Dans le cadre du projet TATEM les approches à base de simulation de modèles de vieillissement ont été appliqués sur la jointe d'étanchéité dynamique de la tige. La connaissance à priori du mode d'usure du matériel de la jointe a été utilisé dans le développement du modèle de dégradation afin de surveiller l'étanchéité du vérin.

Dans le cas du joint du vérin, le partenaire INAS dans le projet TATEM a proposé l'utilisation des méthodes de simulation pour modéliser la jointe et son modèle d'usure en fonction des variables telles que la pression et la température à laquelle le joint dynamique est soumise, l'accélération et le frottement de la tige contre le joint

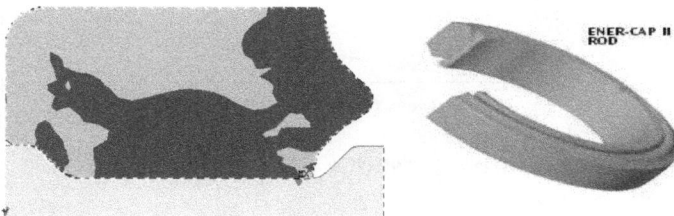

Figure 33 Distribution de pressions dans la section du joint

Un fois le modèle est obtenu, une campagne de simulations sur ce modèle est du à terme dans le but d'obtenir comme résultat des courbes de fatigue des matériaux, comme celle montrée dans la Figure 34. A ce point là, cette méthode correspondrait à ceux basées sur des modèles physiques du vieillissement. Cependant, elle peut être profité comme base pour proposer une méthode à base de tendances qui puisse s'actualiser en ligne avec les donnés réelles du système.

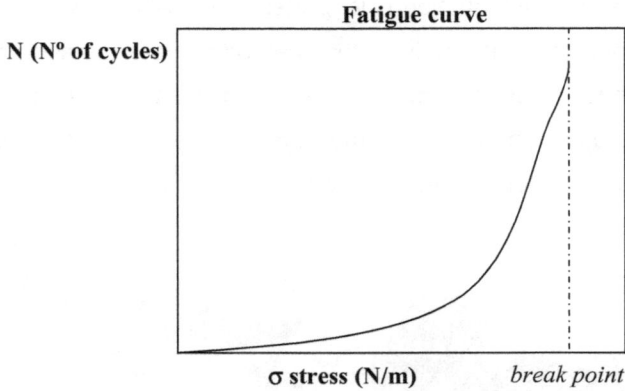

Figure 34 Courbe de fatigue pour les matériaux

Dans la figure, l'usure est calculée en fonction du nombre de cycles complets et identiques d'entrée/sortie de la tige, obtenus en simulation. Pourtant, les cycles types, sur un vol, d'un système tel qu'un vérin, pourraient s'illustrer plutôt comme ceux de la figure ci-dessous :

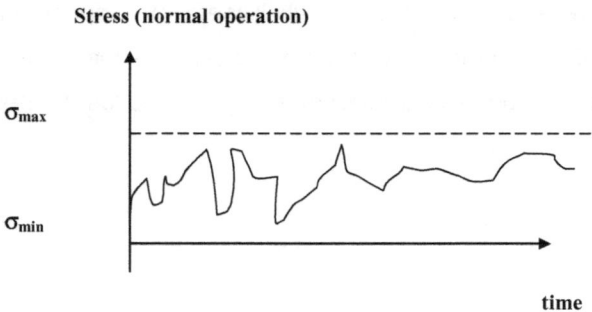

Figure 35 Cycles de fatigue dans de conditions nominales

Alors, le modèle obtenu à priori pourrait s'utiliser combiné avec un comptage partiel des cycles en fonction de la position de la tige du vérin et sa vitesse d'entrée/sortie.

$$\Sigma count = f(x, \dot{x}) \tag{75}$$

Comme résultat, nous obtenons une méthode plus précise et ajusté en ligne que tout simplement une seule estimation de rupture, ou MTBF, obtenue au moyen des simulations (Diez et al.,2005)

3.4.3.3. Approche système à événements discrets

Les méthodes de pronostic à événements discrètes sont basées sur la représentation discrète de l'espace d'état d'un système, ainsi utilisée dans le diagnostic de défaillances. La principale contribution au pronostic dans la littérature (Correcher, 2006) n'est pas en rapport à la modélisation des systèmes mais à l'interprétation des transitions et la partition de l'ensemble d'événements possibles.

Supposons un système à événements discrètes GG. Admettons que ce système est soumis à de défaillances de type intermittent selon la définition introduite dans nos hypothèses de la section 3.3. Alors, ce système pourrait être modelé comme :

$$G_G = (X_G, \Sigma_G, \delta_G, x_{0G}) \tag{76}$$

Où:

X_G Est l'ensemble d'états

Σ_G Est l'ensemble d'événements

δ_G Est la fonction de transition

x_{0G} Est l'état initial de G_G

Dans le système décrit par (77) l'ensemble d'événements peut être classé en événements observables et événements non observables, suivant la formulation:

$$\Sigma = \Sigma_o \cup \Sigma_{uo} \tag{77}$$

L'ensemble d'événements non observables pourrait être encore subdivisé en événements défaillants et événements récupérés d'après une défaillance (*rf*, pour recovery failure). Ces derniers sont liés aux défaillances intermittentes, donc après une anomalie ou faute transitoire observé le système peut être considéré comme revenu en état normal ou 'récupéré'. Finalement, il y aura très probablement un ensemble d'événements qui seront complètement non observables (*nuo*).

$$\Sigma_{uo} = \Sigma_f \cup \Sigma_{rf} \cup \Sigma_{nuo} \tag{78}$$

La situation plus désirable serait que l'événement qui cause l'état défaillant soit lui-même observable. Pourtant, cette situation n'est pas toujours atteinte à cause des contraintes qui imposent les capteurs dans les systèmes réels, car toutes les variables ne peuvent pas être surveillées, soit par de raisons techniques soit par de raisons de dessin. Ce problème peut être résolu en exploitant au maximum les données obtenues du système sous la forme des indicateurs, précédemment présentés. Alors, un indicateur, ou un ensemble d'indicateurs, pourraient rendre observable un événement qui cause une défaillance. En outre, ces indicateurs peuvent être liés à un événement de récupération (rf) et donc a une défaillance de type intermittent (ou anomalie).

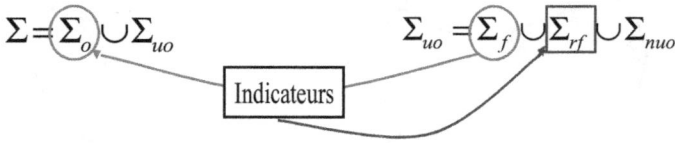

$$\Sigma = \left(\Sigma_o\right) \cup \Sigma_{uo} \qquad \Sigma_{uo} = \left(\Sigma_f\right) \cup \boxed{\Sigma_{rf}} \cup \Sigma_{nuo}$$

Indicateurs

Figure 36 Observabilité des indicateurs de vieillissement

La Figure 37 résume le comportement caractéristique de ce système à événement récupérables et sa dynamique. L'espace d'état pour un système étudié j est divisé en deux groupes: le comportement normal états (indexée N_i) et les états défaillants (indexée F_i). En présence d'une défaillance (F_i), le système peut passer d'un état normal de fonctionnement (X_{jNi}) à un état défaillant (X_{jFi}). Cependant, au lieu de rester dans un état défaillant indéfiniment, le système peut récupérer son fonctionnement normal(RF_i), comme défini pour les défaillances intermittentes. En conséquence, le système peut être considéré dégradé, plutôt que défaillant. Normalement, cette dynamique serait restée inobservable, mais grâce à l'introduction du concept de défaillance intermittente et en utilisant la définition des indicateurs, la dégradation associée à cette dynamique pourrait être détectée. Ainsi, la prise en compte et l'observabilité de ces dynamiques du système, pourraient nous permettre de traiter ces données de façon à étudier la fréquence et la densité d'apparition pour aboutir à un pronostic de la dégradation et une évaluation de la fiabilité du système.

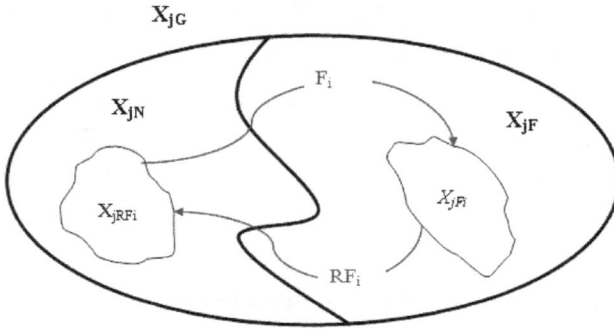

Figure 37 Dynamique entre états IF's et PF's

Prenant compte de l'hypothèse de défaillances intermittentes et causalité introduite dans la section 3.3, un modèle temporel d'estimation de la fiabilité peut être introduit réalisant un comptage des défaillances récupérées durant une fenêtre d'observation temporelle glissante :

$$DF_{Tj} = \frac{\sum_{i=k} T_{(i)Fj}}{T} \tag{79}$$

T est le temps d'observation dans la fenêtre glissante, et $T_{(i)Fj}$ est le temps que le système a montré une défaillance intermittente récupérable. Ainsi, nous obtenons la densité temporelle DF_{Tj} de la défaillance F_j. La surveillance de cette densité de défaillance récupérable fournit un critère pour le pronostic de la dégradation en fixant un seuil de DF_{Tj} qui nous permettra de prédire le temps estimée restant jusq1u'à la défaillance (Correcher, 2006).

3.4.3.4. Approche Bayesien

Les réseaux Bayesiens dynamiques sont de graphiques acycliques définis par un ensemble de nœuds avec un niveau de relation à cause-effet entre eux qui est représenté au moyen de probabilités conditionnelles (CP). Les nœuds représentent les modes de dégradation potentielles tandis que les flux entre eux (CP) sont mis à jour en utilisant les variables observables (indicateurs) représentatives de l'état actuel du système (Muller, 2004). Néanmoins, la détermination de la répartition initiale des CP au long du réseau Bayesien est une étape critique en raison de son incertitude, car elle affectera la propagation des états dans le réseau à partir de l'instant initial (Spizzichino, 2001) (Frelicot, 1996).

3.4.3.5. Méthodes stochastiques

La principale caractéristique de ces méthodes est l'application des techniques statistiques d'estimation et de prédiction sur des modèles probabilistes de dégradation. Ainsi, le pronostic de la dégradation peu s'exprimé en termes de valeurs de probabilité de défaillance estimées. Les modèles de dégradation ne doivent pas être forcement des modèles très précis, même des modèles simplifiées, qui puissent permettre travailler les algorithmes d'estimation et prédiction dans un rang acceptable de précision.

Le temps jusqu'à la défaillance est accepté d'être dépendant des variables externes au système telles que les conditions d'opérations nominales, les conditionnes réelles d'opération, l'état initial, etc. Ces variables, chacune avec un certain dégrée d'influence, affectent la durée de vie du système. Alors, dans le domaine des méthodes d'estimation et filtrage, un nouveau vecteur d'état peut être défini en utilisant les indicateurs de dégradation. Alors, la surveillance de ce vecteur d'état pourrait fournir la surveillance du vieillissement. Dans la littérature (Lewis, 1986) (Drexel, 2001) outils comme le filtre de Kalman ont été utilisés pour la prédiction d'états inconnus considérant l'historique d'états plus récent. Cet idée renforce l'hypothèse introduite précédemment de mettre en relation le diagnostic et l'estimation de l'état d'un système avec le pronostic de ce système. On a noté x_i, la prédiction à un échantillon, soit à l'aide de la dérivée temporelle, cas des modèles continus, soit par la nouvelle itération, cas des systèmes en temps discret. Les fonctions f et g sont considérées Lifshitz :

$$\dot{x}_i = g\big[x,...,x_n(t),t\big] \qquad i = 1,n$$
$$y = f\big[x,...,x_n(t),t\big]$$

$$(80)$$

La prédiction de l'état suit un schéma de filtrage du type de Kalman

$$Z(t+\delta)=g[Z(t),t]+K_t.\xi(t) \qquad Etat \ X(t)=[x_1,\cdots x_i,\cdots x_n]^T$$
$$\xi(t)=y(t)-f[Z(t),t] \qquad Estimation[X(t)]=Z(t)$$

(81)

Alors, un indicateur représentatif du vieillissement pourrait être exprimé en fonction de l'état estimé du système :

$$y=f[x,...,x^n(t),t]$$

(82)

Le modèle de prédiction d'état défaillant peut être dessiné suivant deux approches différentes (Liu, 1998) :

- fixer un état critique pour ensuite prédire un intervalle temporel de probabilité de défaillance (Figure 38)
- fixer un temps futur pour ensuite prédire un intervalle des états probables que le système pourrait présenter une fois arrivé cet instant (Figure 39)

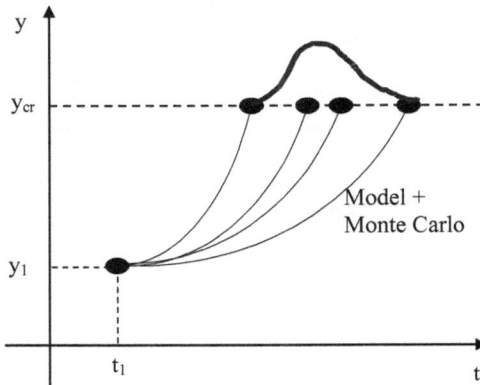

Figure 38 Vieillissement en fonction d'un état critique

Les figures suivantes illustrent le concept de pronostic introduit dans cette section. La méthode serait complétée identifiant les états critiques du système et la périodicité de ses apparitions dans le but de réaliser les prédictions avec les plus précises. Une fois de plus, cette connaissance à priori du système peut être obtenu soit au moyen des experts, soit au moyen des approches statistiques comme les tests en banc d'essais.

En plus, il faut remarquer que l'information fournie aux algorithmes d'estimation et prédiction jouera aussi un rôle important dans la bonne démarche de la méthode.

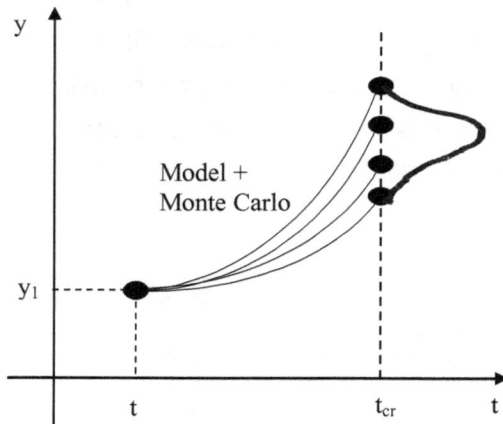

Figure 39 Vieillissement en fonction d'un temps critique

3.5. Image Linaire Paramétrique

3.5.1. Introduction

Dans le cas de l'estimation du vieillissement, les paramètres du système varient très lentement. En plus, le modèle du système n'est pas toujours disponible, ou suffisamment précis, particulièrement dans le cas des systèmes non-linaires. Dans cette thèse, nous proposons la surveillance du vieillissement par le biais des paramètres estimés du système, dans le cadre des approches basées sur les tendances (Diez et Aguilar, 2007). Sous l'hypothèse du modèle variant dans le temps, les paramètres du système sont considérés comme des indicateurs de vieillissement, car ils sont représentatifs de la dynamique du système. La connaissance à priori du système fourni les données initiales qui servent à ajuster la méthode qui pourra être utilisée en ligne. La méthode est d'abord appliquée hors ligne sur des données en banc d'essai de façon à déterminer la sensibilité et la tendance des paramètres du système dans l'espace. De plus, cette analyse des données en banc d'essais servira aussi à déterminer le point de référence correspondant à des conditions normales de fonctionnement (section 5.5).

Une fois ajusté la méthode, le pronostic consiste à surveiller les paramètres du système (indicateurs) par rapport au point initial de référence correspondant au système à l'état initial. Généralement, la tendance des paramètres serait associée à la dégradation, tandis que l'occurrence d'une défaillance soudaine affecterait l'évolution de l'indicateur du vieillissement de façon abrupte. Le présent travail propose une nouvelle approche qui généralise la surveillance de la dégradation, en introduisant la notion d'image linéaire paramétrique (PLI) consistant à estimer les paramètres d'un modèle pseudo-linéaire associé au vrai système, qui seront représentatifs du vieillissement du système durant une période $[t_i, t_i+T]$ de la vie du système.

3.5.2. Logique de la méthode

Après une période de fonctionnement les données enregistrées sur l'historique du système seront traitées selon la procédure suivante :

1. Puisque le système est certainement non-linéaire, l'estimation des paramètres sous l'hypothèse de linéarité sur une grande plage de l'historique et une longue durée est vouée à l'échec
2. Il est toujours possible d'appliquer une séquence d'entrés {U} au système et de générer une séquence de sorties {Y}
3. Ces ensembles de données d'entrée/sortie peuvent être utilisés dans un algorithme d'estimation de paramètres d'un système linéaire
4. Le système estimé, n'étant pas le même système qui génère les sorties {Y} à partir des entrées {U}, génère-t-il une séquence de sortie {Z}
5. Appliquant un algorithme d'estimation de paramètres linéaires qui minimise l'erreur quadratique entre {Y} et {Z} nous obtenons un vecteur paramétrique qui est une *image linéaire* du système non-linéaire à condition que le vecteur d'entrée {U} soit fixée une fois par toutes

6. La surveillance de ce vecteur de paramètres linéaires *image* de la dynamique du système nous fournit information sur le changement de la dynamique du système. Si aucune défaillance n'est pas détectée sur le système à l'instant présent *T*, ce changement sur la dynamique du système serait attribué alors au vieillissement du propre système.

Cette méthodologie prend en compte les hypothèses sur le contexte du pronostic introduites précédemment dans la section 3.3. D'abord, l'unicité du système est respectée car la méthode est applicable à un seul système sans avoir besoin d'une population de systèmes pour obtenir des résultats statistiques. Pourtant, la connaissance à priori du système pourrait être extraite de l'analyse statistique des tests en banc d'essais, dans le but d'ajuster la méthode et de fixer une référence. Sur cette base d'expérience, une approche à base de tendances est proposée utilisant les paramètres d'*image linéaire* à mode d'indicateurs de vieillissement, prenant compte ainsi de l'hypothèse de modèle variant dans le temps et utilisant l'historique du système, mettant donc en relation le diagnostic du système et le pronostic. Ensuite, nous allons décrire de façon mathématique la méthodologie proposée.

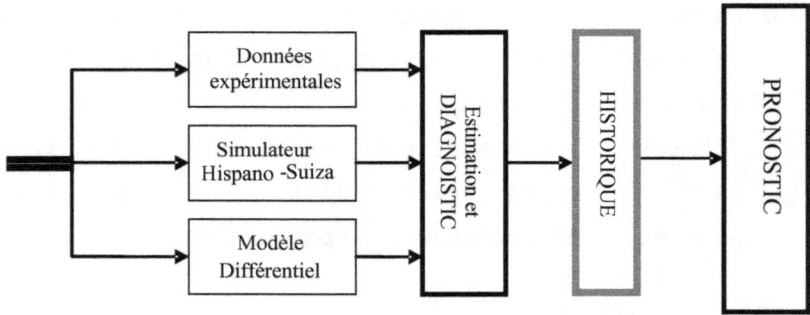

Figure 40 Historique dans la Relation diagnostic et pronostic

3.5.3. Définitions

DÉFINITION 1 :

Dans un intervalle [t_s, t_f] une K-trajectoire Ψ est une fonction

$$H = \{h(t); t \in [t_s, t_f]\} \tag{83}$$

où h est une fonction C^k pour une valeur suffisamment grande de K. L'espace des K-trajectoires est un espace métrique en choisissant une distance dans la famille :

$$d_m[H_i, H_j] = \left(\int_{ts}^{tf} (h_i(t) - h_j(t))^m \, dt \right)^{1/m} \tag{84}$$

DEFINITION 2 :

Un Système dynamique *SISO* (single input single output) ayant une entrée et une sortie est un 5-tuple (5 objets mathématiques) $\{U, Y, X, f, g\}$

1. Espace des entrées U ,où $u \in U \subset \mathcal{R}$
2. Espace des sorties Y,, où $y \in Y \subset \mathcal{R}$
3. Espace d'état n-dimensionnel Y, où $x \in X \subset \mathcal{R}^n$
4. Application dynamique f, $X \times U \xrightarrow{f} X$ qui définit une équation différentielle $\frac{dx}{dt} = f(x, u)$ qui satisfait les conditions de Lipschitz
5. Application continue d'observation g, $X \xrightarrow{g} Y$ donnée par $y(t) = g(x(t))$

Dans le cas où l'intervalle $[t_s, t_f]$ est discret avec $t_{i+1} - t_i = \Delta t$, l'équation d'état est $x(t_{i+1}) = x(t_i) + \Delta t. f(x(t_i), u(t_i))$ et l'équation d'observation est $y(t_i) = g(x(t_i))$

LEMME 1 :

Etant donnée une observation initiale $y(t_0) = y_0$ et une trajectoire d'entrée continue $U = \{u(t); t \in [t_0, t_f]\}$ le système S génère une variété différentiable dans l'espace des K-trajectoires.

Démonstration.: L'existence et l'unicité de la trajectoire d'état $X(x_0, U) = \{x(t); t \in [t_0, t_f]\}$ pour un état initial $x(t_0) = x_0$ provient des conditions de Lipschitz. Par l'équation y(t)=g(x(t),u(t)), on a un ensemble des trajectoires de sortie $Y(y_0,U) = \{y(t); t \in [t_0,t_f]\}$, qui est un ensemble compact car g conserve la mesure.

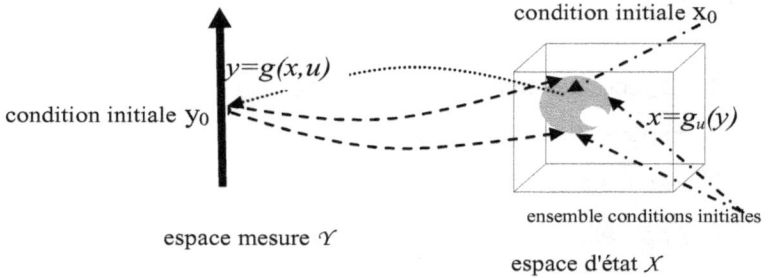

Figure 41 Relation entre mesure initiale et état initiale

THEOREME 1 :

Si le système S est uniformément asymptotiquement stable dans $\chi, \exists t_I$ tel que pour $t_c \geq t_I$ on a $d_m[Y(y_i(t_c),U_c),Y(y_j(t_c),U_c)] \leq \delta$.

Proof. Le "m-diamètre" $\rho_m[\Gamma] = \max[d_m(\alpha,\beta) | \alpha, \beta \in \Gamma]$ d'un ensemble compact Γ est un nombre positif. Soit une valeur d'entrée $u \in \mathcal{U}$ l'image inverse $x^* = g_u^{-1}(y)$ est, soit un singleton, soit un sous-ensemble compact $x^* \subset \mathcal{U}$. Sous les conditions établies pour tout nombre D positif, $\exists t_I$ tel que $t \geq t_I$ $\rho_m[x^*] \leq D$. Ceci est vrai pour tout instant $t \in [t_0,t_f]$.

Ce résultat nous permet de dire que, après un temps suffisamment long, quelque soit la condition initiale, pour la même trajectoire d'entrée la trajectoire de sortie sera aussi proche que possible d'une trajectoire unique. Cette trajectoire caractérise donc entièrement le système, sous la condition de lui appliquer exactement la même trajectoire d'entrée,

DEFINITION 3 :

Soit un système non linéaire invariant (SISO) avec une entrée et une sortie $S = \{U, X, Y, f, g\}$. Considérons maintenant un système linéaire $S_L = \{U, X, Y, (A, B), C\}$ défini par les équations d'observation et d'état sont: $\hat{y}(t) = C.\hat{x}(t)$, $\frac{d\hat{x}}{dt} = A.\hat{x} + B.u(t)$. Les matrices A, B et C qui minimisent $Q[A, B, C] = \int_{t_0}^{t_f} (y(t) - \hat{y}(t))^2 dt$ définit un système linéaire appelé Image Linéaire (IL) de S sous la trajectoire d'entrée $U = \{u(t); t \in [t_0, t_f]\}$.

THEOREME 2 :

Si $U = \{u(t); t \in [t_0, t_f]\}$ et $S = \{U, X, Y, f, g\}$ satisfont les Définitions 1 et 2, pour des dimensions fixées des matrices A,B et C, l'Image Linéaire (IL) est unique.

Démonstration:
U, génère, avec S, une unique trajectoire $Y = \{y(t); t \in [t_0, t_f]\}$, et avec S_L une autre $Y_L = \{\hat{y}(t); t \in [t_0, t_f]\}$. Les deux systèmes génèrent des variétés différentiables. À chaque instant on peut définir un

voisinage $\mathcal{N}_t$ qui inclut les points correspondants dans les deux trajectoires. Comme $\mathbf{Y}$ est fixe et $\mathbf{Y_L}$ dépend linéairement de A,B,C alors $(y(t)-\hat{y}(t))^2$ est une fonction quadratique des éléments des matrices et donc le minimum de $Q[A,B,C]$ existe.

Image linéaire d'une séquence de tests en banc (bench test sequence, BTS)

Pratiquement un banc d'essai de moteurs permet d'appliquer une même séquence d'entrée au moteur et d'observer une séquence de sortie. L'échantillonnage temporel $\Delta t; t_{i+1} = t_i + \Delta t$ introduit un nouveau paramètre de réglage. Nous considérerons alors l'Image Discrète Linéaire (DLI) du moteur qui dépendra de la fréquence d'échantillonnage. Les propriétés sont analogues à celles du cas continu, auxquelles s'ajoute la nécessité de considérer l'algorithme de minimisation, ainsi que son conditionnement numérique. Il s'agit dans la pratique algorithmique de définir l'ordre de l'auto-régression n_y, et celui de la moyenne mobile n_u.

DEFINITION 4 :

L'Image Linéaire Discrète (DLI) du système **S** sous U est le système linéaire discret **S_L** défini aux instants k=0,…,N_T; N_T=int[T/Δt par l'équation ARMAX:

$$z(k) = \sum_{i=1}^{n_y} a_i . z(k-i) + \sum_{i=1}^{n_u} b_i . u(k-i)$$

(85)

Où $z(k) = y(k.\Delta t)$; $k = 0,...n_y$ et $u(k) = u(k.\Delta t)$; $k = 0,...N_T$

L'image paramétrique correspondante à l'état initial du système est θ_0, et l'image linéaire paramétrique correspondante à l'état final de la trajectoire est θ_F. Ces deux points paramétriques, ou images linéaires paramétriques, peuvent être ajustées au moyen de la connaissance du système ou bien des expériences en banc d'essais. Dans le cas du point initial, l'image paramétrique correspond au système neuf. Le point paramétrique final sera fixé en fonction du seuil de dégradation qui puisse être considéré critique. En plus, il faudra prendre en compte une analyse d'observabilité pour assurer la détectabilité de la dégradation critique dans un intervalle de certitude approprié.

À partir de cette définition on propose les algorithmes d'estimation de paramètres décrits dans le Chapitre II, qui est consacré aux méthodes de diagnostic.

4. CHAPITRE IV : DIAGNOSTIC ET PRONOSTIC DU SYSTEME DE CARBURANT

4.1. Introduction

Ce chapitre est consacré à l'application des méthodes précédemment proposées pour améliorer le diagnostic et le pronostic des composants choisis dans le but d'une maintenance adaptative. La Surveillance et le Pronostic des vérins dans le circuit de carburant utilise à la fois un simulateur complet et des données réelles en banc d'essai. D'abord, ces actionneurs sont analyses au moyen d'un simulateur fourni par le partenaire du projet TATEM Hispano-Suiza. Le système analysé est composé des deux actionneurs redondants solidaires mécaniquement avec leurs servovalves correspondantes et des capteurs de position LVT, la boucle de control est partagée entre les deux. L'analyse de la dynamique du système dans le simulateur nous a fourni une connaissance a priori plus approfondie du système et de sa dynamique, ainsi que de la dynamique propre des défaillances. Ensuite, le système a été modélisé au moyen d'équations différentielles dans le but d'obtenir un modèle plus facilement manipulable, qui envisage la possible embarquabilité du système dans l'avion, car le simulateur complet serait trop lourd en calcul et en taille mémoire. Une analyse des modes de défaillances du système a été menée en parallèle avec l'analyse des données en banc d'essai, obtenus lors d'essais d'endurance accélérés. Cette étape nous à fourni, non seulement les modes défaillants du système, mais aussi les modes de dégradation. Finalement, les méthodes de diagnostic et de pronostic du système seront présentées sous forme de résultats, et évaluées en fonction de leur performance.

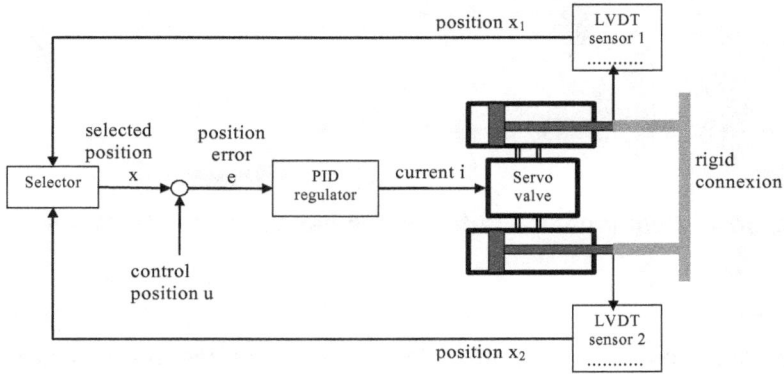

Figure 42 Schéma de la boucle de régulation

4.2. Description du système hydraulique (CFM-56)

Les études sur le système de carburant ont été consacrées à l'analyse, au diagnostic et au pronostic des actionneurs de la géométrie variable du moteur d'avion. Ces actionneurs sont inclus dans la boucle des géométries variables du circuit de carburant (voir Chapitre I). Les systèmes complexes tels qu'un moteur d'avion sont aujourd'hui de plus en plus composés de sous-systèmes qui affectent leur dynamique globale en l'adaptant aux différents modes de fonctionnement. Les actionneurs accomplissent ce rôle dans la dynamique globale du moteur, adaptant la géométrie variable de la turbine pour optimiser la performance globale du système.

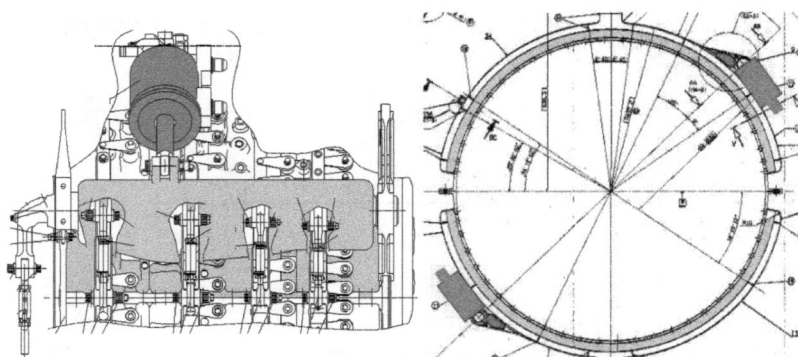

Figure 43 Positionnement des vérins dans le moteur CFM-56

Les analyses de fiabilité et maintenance présentés aussi dans le Chapitre I, ont montré que certains composants du circuit carburant sont sujets soit à une maintenance surabondante soit à des défaillances imprévues qui causent de retards, cancellassions et annulations. Dans l'analyse économique, trois composants sont identifiés comme sujets à une amélioration de sa maintenance vis-à-vis de l'introduction du *health monitoring* et le pronostic vers une maintenance adaptative :

- Actionneurs
- Pompe basse pression
- Pompe haute pression

Deux actionneurs ont été identifiés parmi l'ensemble de 8 actionneurs de géométrie variables, comme les composants les plus bénéficiaires de l'implémentation des approches de pronostic sur sa surveillance. Ces deux actionneurs sont le VSV (variable stator valve) et le VBV (variable bleed valve). Les actionneurs ont une vie moyenne de 50000 EFH (Heures de vol équivalentes). Les actionneurs passent un test d'acceptation toutes les 10000 heures de vol (ATP, ou Acceptence Test Plan). Les TBO pour les actionneurs sont programmés toutes les 6000 de vol. Ces composants sont la cause principale de :

- In Flight Shut Down → 0%
- Retards → 32%%
- Cancellassions → 6%

Ce chapitre est alors consacré à l'application des méthodes précédemment proposées pour améliorer le diagnostic et le pronostic de ces composants vers une maintenance adaptative. Dans la section 4.3, les actionneurs sont analyses au moyen d'un simulateur fourni pour le partenaire du projet TATEM Hispano-Suiza. Le système analysé est composé des deux actionneurs redondants solides mécaniquement avec ses correspondantes servovalves et capteurs de position LVT, plus la boucle de control partagée entre les deux. L'analyse de la dynamique du système dans le simulateur nous a proportionné une connaissance à priori plus approfondie du système et sa dynamique, ainsi comme de la propre dynamique des défaillances qui le concernent. En plus dans cette section, le système a été modélisé au moyen d'équations différentielles dans le but d'obtenir un modèle plus facilement manipulable. A continuation dans la section 4.4, une analyse des modes de défaillances du système a été réalisée. Cette étape nous a proportionné ne seulement les modes défaillants du système, mais aussi nous a fourni les modes de dégradation du propre système. La section 4.5 propose l'architecture de diagnostic et pronostic appliquée sur le système. Finalement la section 4.6 présente les résultats obtenus.

4.3. Model de l'actionneur hydraulique

4.3.1. Simulateur des actionneurs VSV et VBV

Le partenaire Hispano-Suiza, et leader du WP7400 dans le projet TATEM, a proportionné un simulateur implémenté sur l'outil logiciel Matlab/Simulink pour l'analyse et l'étude de la dynamique du système objet de nôtres travaux. Le simulateur est représentatif de la dynamique des actionneurs VSV (Variable Stator Valve) et VBV (Variable Bleed Valve). La fonction de ces deux actionneurs est d'adapter la géométrie variable du moteur d'avion pour garantir la performance optimale du système global pendant tous ses modes de fonctionnement. La figure ci-dessous illustre un schéma basique du modèle de l'actionneur sur l'outil Simulink.

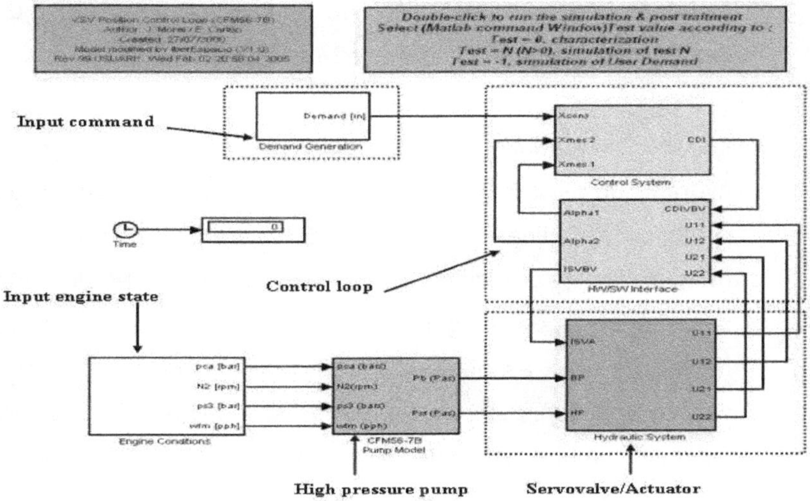

Figure 44 VSV/VBV modèle Matlab/Simulink

Les entrés au simulateur sont :

- La commande, c'est-à-dire la commande que sera reçue par l'actionneur en fonction la trajectoire ou le cycle du vol
- Les paramètres du moteur, quoique supposés constants par défaut dans la simulation, ces paramètres peuvent être changes et adaptés à simulé un cycle réel équivalent à un vol type.

Ensuite les éléments que nous pouvons trouver dans le simulateur sont décrits brièvement :

- *La pompe d'haute pression* fourni comme sortie la pression à l'entrée des actionneurs. Cette pression est fonction des

149

variables thermodynamiques du moteur et du débit de carburant déterminé par la manette poussée du cockpit

- *Le block hydraulique* contient le modèle de l'actionneur hydraulique avec la servovalve, plus le modèle du capteur de position LVDT (linear variable differential transformer). Dans le moteur réel les actionneurs sont redondants, c'est-à-dire que la dynamique de la géométrie variable est performée au moyen de deux actionneurs solides mécaniquement. Chacun des deux actionneurs est fournie de son capteur de position. Dans le simulateur, cette configuration est représentée en introduisant qu'un seul modèle d'actionneur, qui envoie la même position vers deux capteurs. Cette façon de modéliser la solidarité mécanique des actionneurs sera révisée dans des sections ultérieures.

- *La boucle de régulation,* est en charge de réguler la position de l'actionneur au moyen d'une boucle PI (proportionnel-intégrateur). Le signal digital est transformé en analogique pour être envoyer vers la servovalve sous la forme d'un courant électrique que commande la servovalve. Enfin, la servovalve commande la position de l'actionneur transformant ainsi la puissance électrique en puissance hydraulique.

Une batterie de tests a été lancée sur le simulateur pour évaluer sa dynamique face à différents scénarios. Les scénarios sont définis selon :

- *Phase de vol*, correspondant à la phase croisière (phase de plus longue durée), ralenti (gain minimum de l'actionneur) ou décollage (gain maximum de l'actionneur)
- *Commande* en forme d'échantillon ou en forme de rampe
- *Mode de fonctionnement* linéaire ou saturé
- *Position initiale* x_o plus petite ou plus grande que la position correspondante au milieu de l'actionneur

En base à ces scénarios, la réponse de l'actionneur a été analysée sous les paramètres de réponse dynamique du système illustrés dans la Figure 45 :

- *Retard jusqu'à la demande* (t_{100}), est la différence entre le temps final lorsque la valeur finale de la demande est atteint et le temps lorsque la demande est atteinte pour la première fois (donc la première oscillation)
- *Overshoot* (ε), comme le pourcentage entre la valeur maximal atteinte et la valeur stabilisée. Cette définition étant appliquée aussi pour l'entrée en échantillon.
- *Retard de l'overshoot,* ($t\varepsilon$) est le temps jusqu'à l'overshoot
- *Erreur stationnaire,* (δ) comme la différence entre la valeur finale stationnaire et la valeur de la demande

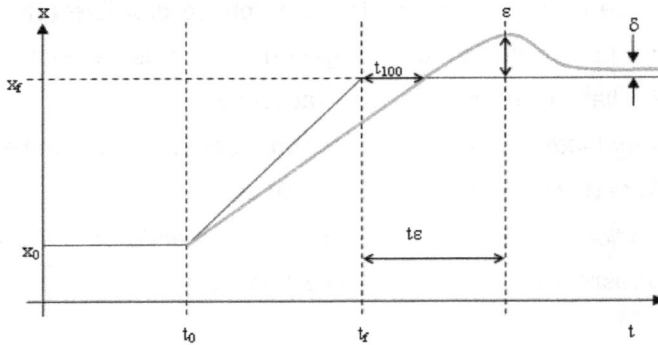

Figure 45 Analyse de la réponse dynamique

Ensuite, les valeurs des résultats pour les réponses dynamiques des actionneurs VSV et VBV sont résumées dans le Tableau 6 et le Tableau 7 respectivement. Le paramètre de l'erreur stationnaire n'as pas été inclus, car ce paramètre montrait des valeurs <0.001 dans tous les scénarios. Les paramètres de l'état moteur des scénarios croisière, ralenti et décollage sont montrés dans le Tableau 5.

Phase de vol	Code	N_2 (rpm)	PS3 (kPa)	Débit carburant (Kg/h)
CRUISE	C1	12954	775.66	1077.75
TAKE OFF (Maximum Gain)	C2	13880	2840.64	4672.08
IDLE (Minimum Gain)	C3	240	1654.74	152.55

Tableau 5 Paramètres du moteur pour chaque phase de vol

	Régime linaire		Régime saturé	
	Positive	Négative	Positive	Négative
CROISIERE Gain Nominal (C1)				
t_{100} (s)	0.0064	0.0361	0.0265	0.0168
$t\varepsilon$ (deg)	0.085	0.115	0.025	0.13
ε (s)	0.0023	0.0023	0.0434	0.035
DECOLLAGE Gain Maximum (C2)				
t_{100}	0.0064	0.0361	0.065	0.0175
$t\varepsilon$	0.085	0.115	0.115	0.13
ε	0.0023	0.0023	0.0301	0.035
RALENTI Gain Minimum (C3)				
t_{100}	0.0064	0.0211	0.0403	0.0091
$t\varepsilon$	0.07	0.1	0.01	0.1
ε	0.0023	0.0023	0.0731	0.0322

Tableau 6 Résultats de la réponse dynamique pour l'entrée en rampe de l'actionneur VSV

	Régime linaire		Régime saturé	
	Positive	Négative	Positive	Négative
CROISIERE Gain Nominal (C1)				
t_{100} (s)	0.1152	0.0259	0.0258	0.0058
t_ε (s)	0.7	0.25	1.21	0.28
ε (deg)	0.1755	0.0578	1.0333	0.7751
DECOLLAGE Gain Maximum (C2)				
t_{100}	0.0252	0.0259	0.028	0.0098
t_ε	0.22	0.22	1.36	0.22
ε	0.0467	0.0461	0.9045	0.658
RALENTI Gain Minimum (C3)				
t_{100}	0.1752	0.0259	0.0098	0.0048
t_ε	0.97	0.16	1.27	0.22
ε	0.2458	0.0461	0.9747	0.6814

Tableau 7 Résultats de la réponse dynamique pour l'entrée en rampe de l'actionneur VBV

Analysant les tableaux de résultats, nous pouvons observer une dépendance de la dynamique du système en fonction de l'entrée et du régime moteur. Ces résultats seront analysés plus en détail dans la section 4.3.5.

4.3.2. Model à base d'équations différentielles

Les équations différentielles qui modélisent l'actionneur dynamique sont basées sur le schéma du système de la Figure 46:

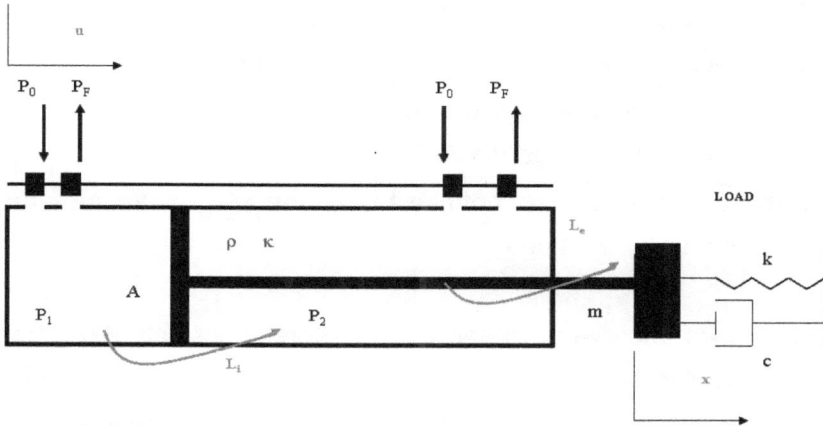

Figure 46 Modèle pour un actionneur hydraulique

Les variables apparaissant dans la figure ci-dessus sont décrites dans le tableau suivant :

u	Position de la servovalve, équivalente à l'entrée reçue par l'actionneur
P_0	Pression d'entrée
P_F	Pression de sortie
P_1	Pression dans la chambre 1 de l'actionneur
P_2	Pression dans la chambre 2 de l'actionneur
V	Volume effectif de l'actionneur, correspondent à la moitié du volume total
A	Surface du piston
ρ	Densité du fluide
κ	Module de Bulk du fluide
L_i	Constante des fuites internes
L_e	Constante des fuites externes

m	Masse équivalente de la charge dynamique au bout de l'actionneur
c	Coefficient d'amortissement de la charge
K	Coefficient de rigidité de la charge
x	Réponse de position de l'actionneur (sortie)

Tableau 8 Paramètres définissant le modèle dynamique de l'actionneur hydraulique

La surface effective du piston est considérée constante des deux cotés de l'actionneur. Pourtant, ceci est considéré une hypothèse car la surface du coté de la tige est plus petite à cause de la surface de la tige elle-même (Hahn, Piepenbrick, 1994). Le débit entrant dans la chambre de l'actionneur (chambre 1 ou 2 en fonction du sens du mouvement commandé) peut être exprimé en fonction du signal d'entrée de la servovalve (u) et la différence de pressions entre les deux chambres de l'actionneur (P_2 et P_1) :

$$q_V = f(u, \Delta p) \tag{86}$$

Alors, selon la littérature (Pal, 2000) :

$$q_V = c_1 \cdot u - c_2 \cdot \Delta p \tag{87}$$

Le débit entrant dans l'actionneur peut être défini comme l'addition de trois débits : le débit effectif q_D, le débit compressible q_C et le débit de fuites q_L (Ogata, 1997) :

$$q_V = q_D + q_C + q_L \tag{88}$$

Chacun de ces débits agissant sur la dynamique de l'actionneur peuvent être exprimés à son tour en fonction de paramètres physiques du fluide ou de l'actionneur. Ainsi, le débit effectif peut être exprimé comme ;

$$q_D = A \cdot \rho \cdot \frac{dx}{dt} \qquad (89)$$

Et aussi pour le débit de fuites internes :

$$q_L = L \cdot \Delta p \qquad (90)$$

Dans la littérature le débit de fuites n'est pas toujours pris en compte dans le but de simplifier le modèle. Cependant, ce phénomène est bien pris en compte dans notre modèle car il sera plus tard identifié comme une possible conséquence d'un mode défaillant de l'actionneur. Dans le cas des fuites externes, elles sont considérées dans la littérature comme un scénario interdit, quoique justement les fuites externes soient un des plus grands cause de défaillance chez les actionneurs hydrauliques (Ogata, 1997).

Finalement, le débit de compressibilité est défini en fonction du module de Bulk. Ce débit représente la masse de fluide comprimée à cause de la différence de pressions sans généré un débit réel entre les deux chambres de l'actionneur (Wells et Iversen, 1990). Le module de Bulk est exprimé comme :

$$\kappa = \frac{d\Delta p}{-dV/V} \qquad (91)$$

L'expression du débit de compressibilité étant donnée par :

$$q_c = \rho \cdot \frac{-dV}{dt} \qquad (92)$$

alors l'expression en fonction du module de Bulk, caractéristique de chaque fluide est :

$$q_c = \frac{\rho \cdot V}{\kappa} \cdot \frac{d\Delta p}{dt} \qquad (93)$$

Utilisant les équations (89), (90) et (92) dans (87) nous obtenons l'expression suivante :

$$A \cdot \rho \cdot \dot{x} + \frac{\rho \cdot V}{\kappa} \cdot \frac{d\Delta p}{dt} + (L + c_2) \cdot \Delta p = c_1 \cdot u \qquad (94)$$

Tous les auteurs mentionnés précédemment considèrent la modélisation de la charge dynamique d'un actionneur hydraulique comme un système de deuxième ordre :

$$m \cdot \ddot{x} + c \cdot \dot{x} + K \cdot x = A \cdot \Delta p \qquad (95)$$

Dérivant l'équation antérieur nous obtenons :

$$\frac{d\Delta p}{dt} = \frac{m \cdot \dddot{x} + c \cdot \ddot{x} + K \cdot \dot{x}}{A} \qquad (96)$$

Alors, combinant (94), (95) et (96) nous arrivons au modèle final d'un actionneur hydraulique représenté sous la forme d'une équation différentielle linéaire de troisième ordre dont les paramètres du système sont fonction du fluide et de la géométrie propre de l'actionneur. Nous rappelons que dans cette expression u est l'entrée de la servovalve et x la position linéaire de l'actionneur sur son axe de mouvement :

$$\frac{\rho \cdot V \cdot m}{\kappa \cdot A} \cdot \dddot{x} + \left[\frac{\rho \cdot V \cdot c}{\kappa \cdot A} + \frac{(L+c_2) \cdot m}{A} \right] \cdot \ddot{x} + \left[A \cdot \rho + \frac{\rho \cdot V \cdot K}{\kappa \cdot A} + \frac{(L+c_2) \cdot c}{A} \right] \cdot \dot{x} + \frac{(L+c_2) \cdot K}{A} \cdot x = c_1 \cdot u \qquad (97)$$

Simplifiant alors l'équation ci-dessus :

$$a_3 \cdot \dddot{x} + a_2 \cdot \ddot{x} + a_1 \cdot \dot{x} + a_0 \cdot x = b \cdot u \qquad (98)$$

Le paramètre correspondant au troisième ordre est trouvé toujours d'un ordre beaucoup plus petit que les autres paramètres, devenant peu significative la troisième dérivée du modèle. En plus, aucun des paramètres inclus dans la troisième dérivée n'est pas considéré un paramètre significatif pour le diagnostic ni pour le pronostic et les fuites n'y sont même pas présentes par exemple ; par conséquent, la simplification de la troisième dérivée transforme le modèle antérieur dans un modèle de deuxième ordre (Wells et Iversen, 1990) (Hahn, Piepenbrick, 1994) :

$$a_2 \cdot \ddot{x} + a_1 \cdot \dot{x} + a_0 \cdot x = b \cdot u \qquad (99)$$

Où tous les paramètres sont trouvés d'être dépendants de la constante des fuites :

$$a_2, a_1, a_0 = f(L) \qquad (100)$$

Le fait de prouver formellement que les paramètres du modèle sont dépendants de ce que pourrait être considéré comme une défaillance, nous confirme l'hypothèse de base qui met en relation la surveillance des paramètres estimés d'un modèle avec le diagnostic et le pronostic des défaillances de ce modèle (voir Chapitre III).

4.3.3.   Modélisation hybride de l'actionneur hydraulique

4.3.3.1. Identification du modèle hybride au moyen de la méthode RPM

Dans cette section nous allons modéliser l'actionneur dans le cadre des modèles hybrides. La procédure utilisée est celle décrite précédemment dans la section des approches hybrides du chapitre II. Nous allons procéder d'abord à l'identification de différents points d'opération nominal, pour ensuite identifier le modèle continu à base d'équations différentielles décrivant la dynamique propre de chaque point d'opération. Alors, l'équation différentielle auparavant décrite dans la section 4.3.2 sera modélisé avec un ensemble de paramètres différents pour chaque mode d'opération.

Analysant la performance du simulateur de l'actionneur, nous concluons la non-linéarité du modèle. Cette observation est confirmée par plusieurs auteurs dans la littérature (Wells et Iversen, 1990) (Hahn, Piepenbrick, 1994). Après l'analyse de la performance du modèle dans le simulateur, deux causes ont été identifiées comme source de non-linéarité :

- Le signe de la consigne appliquée au modèle, soit positif (l'actionneur pousse la charge), soit négatif (l'actionneur tire de la charge)
- La position initiale de l'actionneur par rapport à la position neutre de référence (piston au milieu du vérin). Alors nous distinguons entre $x_0 \leq \dfrac{x_{MAX} + x_{MIN}}{2}$ (tige entrée) ou $x_0 \geq \dfrac{x_{MAX} + x_{MIN}}{2}$ (tige sortie)

Les deux sources de non-linéarité sont à cause de l'asymétrie du système. En plus, d'autres formes de non-linéarité apparaissent dans le simulateur, comme les saturations et les transformations entre signaux analogiques/digitales, mais elles sont considérées plus propres de la modélisation mathématique que de la propre performance du système.

Un signal de type SBPA (signal binaire pseudo-aléatoire) a été choisi comme signal d'entrée approprié pour l'identification des sous-modèles (Landau, 2001). Ce signal a été appliqué au simulateur pour chaque point d'opération identifié, ainsi obtenant un signal de sortie {Y} associé à la dynamique de chaque sous-modèle identifiée.

La Figure 47 et la Figure 48 illustrent les jeux de données obtenus de cette procédure. Les figures correspondent au sous-modèles tige entrée et tige sortie respectivement. Les signaux SBPA nous proportionnent les deux autres sous-modèles, consigne positive et consigne négative. Dans la prochaine section, nous allons présenter la fonction 'switch' qui nous aidera à sélectionner les vecteurs de données pour l'identification de chaque sous-modèle.

Ensuite, la méthode d'identification et d'estimation de paramètres continus auparavant décrite dans le chapitre II sera appliqué sur les vecteurs d'entrée/sortie obtenus afin d'identifier les quatre sous-modèles qui vont définir le modèle hybride globale.

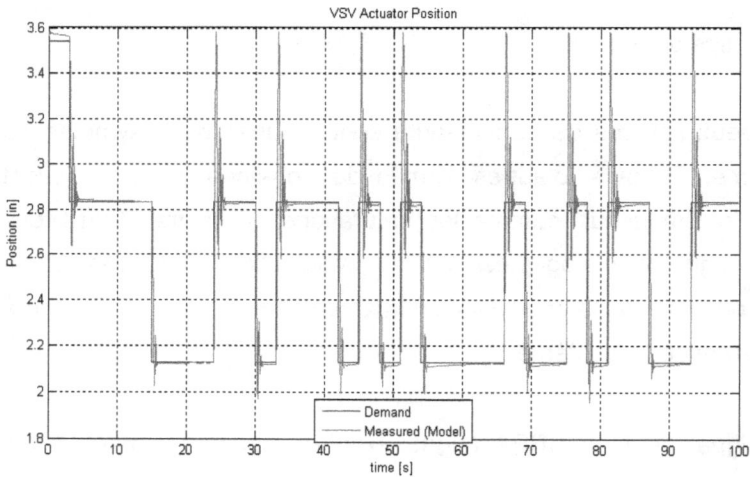

Figure 47 Données pour le sous-modèle tige entrée

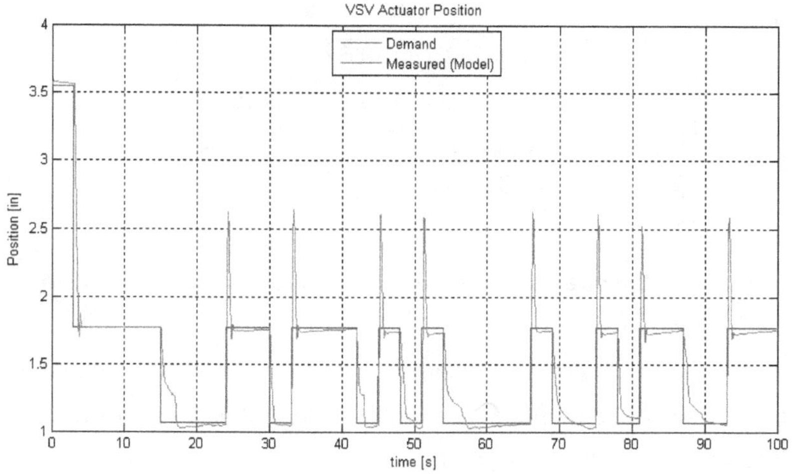

Figure 48 Données pour le sous-modèle tige sortie

La fonction *switch* χ_i est définie suivant les techniques de modélisation hybrides décrites dans le chapitre II. Dans notre cas, cette fonction est exprimée en fonction de la position initiale et de le signe de la consigne.

$$\chi_i = f(x_0, \dot{u}) \qquad (101)$$

Appliquant la méthode des moments partiels réinitialisés (RPM), aussi décrite dans le chapitre II, sur chaque ensemble de données obtenus du simulateur, les 4 sous-modèles identifiés correspondent à l'équation différentielle (99) avec le vecteurs de paramètres de la table ci-dessous :

	b	a1	a1	a0
Submodel upper POS	199.6	1	5.892	199.6
Submodel upper NEG	130	1	8.593	130
Submodel lower POS	53.6	1	5.314	53.5
Submodel lower NEG	2.44	0	1	2.307

Tableau 9 Sous-modèles identifiés avec la méthode RPM

La Figure 49 illustre la reconstruction du modèle de l'actionneur utilisant les 4 sous-modèles identifiés contrôlés au moyen de la fonction '*switch*' ici noté *Hybrid_ID*.

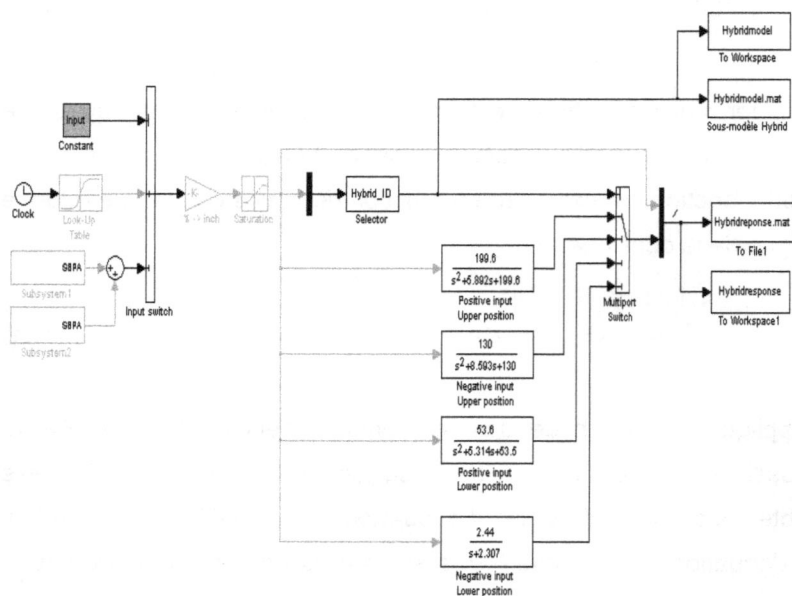

Figure 49 Modèle hybride de l'actionneur hydraulique

4.3.3.2. Comparaison modèle hybride vs.simulateur

Le modèle hybride obtenu dans la section précédente est maintenant comparé au simulateur. La Figure 50et la Figure 51 montrent la comparaison entre la réponse du modèle hybride et du simulateur face à une entrée SBPA autour du ¾ de la longueur total du vérin, et autour d'un quart de la longueur total respectivement.

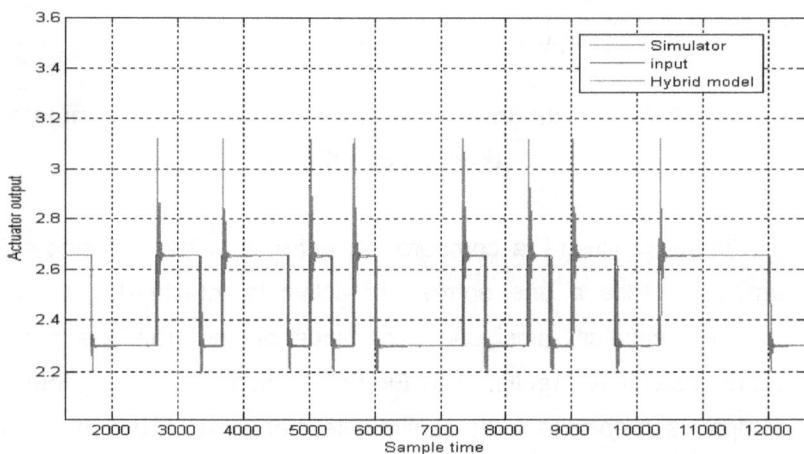

Figure 50 Comparaison entre le modèle hybride et le simulateur (hautes positions)

Dans la figure ci-dessus, le principale différence entre la réponde hybride et la réponse du simulateur et le '*overshoot*' typique dans les systèmes de seconde ordre. Cette erreur est un pic instantané et borné. La figure ci-dessous, correspondante à un signal SBPA d'entrée autour de la position tige rentrée ; elle montre toujours une erreur instantanée sur la position du pic, ou overshoot.

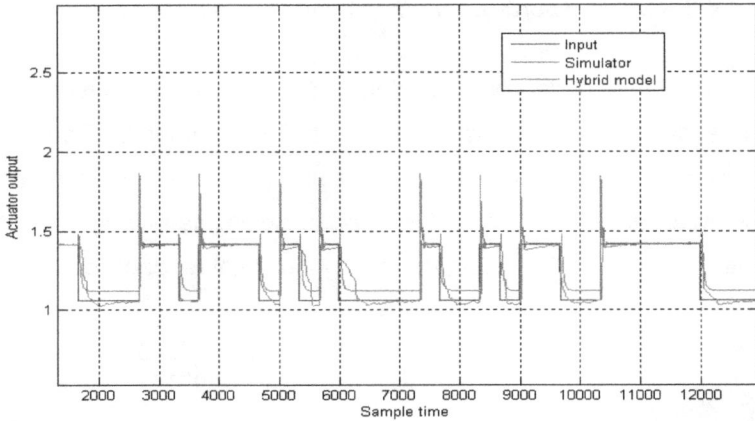

Figure 51 Comparaison entre le modèle hybride et le simulateur (basses positions)

La Figure 52 illustre la comparaison entre le modèle hybride et le simulateur face à une entrée qui active la totalité des 4 sous-modèles, simulant ainsi une dynamique qui pourrait être proche d'une trajectoire réelle. La Figure 53montre à son tour la comparaison entre la sortie du simulateur et la réponse d'un modèle identifié globalement prenant en compte que la présence d'un seul modèle linaire.

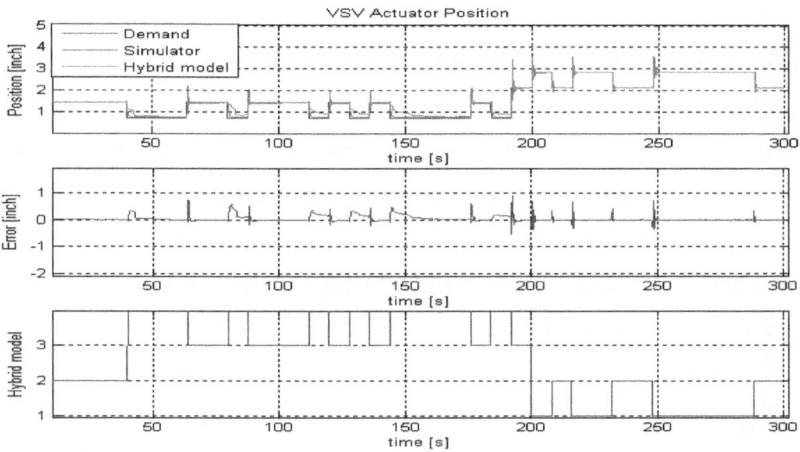

Figure 52 Comparaison modèle hybride contre le simulateur

Dans la figure ci-dessus on trouve : a) la sortie fournie par le modèle hybride, Modèle hybride, b) l'erreur de sortie vers le simulateur et c) le sous-modèle actif

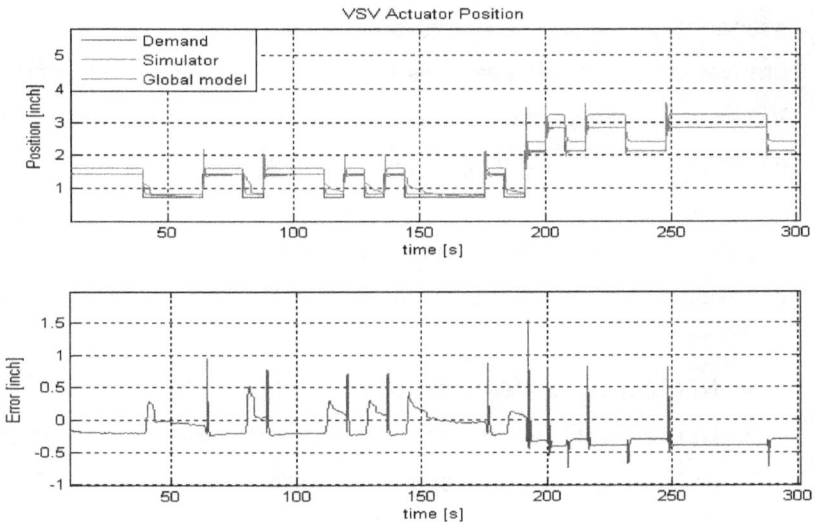

Figure 53 Comparaison entre le modèle simple et le simulateur

Dans la Figure 52, la troisième sous-figure indique le sous-modèle activé à chaque instant. L'erreur dans le cas du modèle hybride est bornée et présente aussi une variance plus petite, car le modèle hybride prend en compte les non-linéarités tandis que le modèle global essaie d'ajuster un système non-linéaire avec un seul modèle linéaire. En plus, le modèle hybride élimine les erreurs statique une fois la réponse est stationnaire.

4.3.4. Analyse des données en banc d'essais

4.3.4.1. Description des tests en banc d'essais

Dans cette section nous allons présenter une description générale des tests en banc d'essais, les variables en jeu dans ces tests et les scénarios des tests. Les tests sont encadrés dans la théorie des preuves de vie accélérées et ils ont été réalisés sur 20 actionneurs VSV durant une période de temps équivalente à un quart de vie moyenne estimée pour ce type de systèmes.

Les variables décrivant le scénario des test sont (pour plus de détail voir chapitre I introduction) :

- N_1 (rpm) est la vitesse de rotation de la turbine basse pression
- N_2 (rpm) est la vitesse de rotation de la turbine haute pression
- PS3 (psi) est la pression de combustion
- WFM (pph) est le *weight flow metering*, donc le débit de carburant dans la chambre de combustion.

Les variables des vitesses de rotation déterminent l'état et la performance du moteur, car elles sont représentatives du régime du moteur, et conséquemment de la phase de vol et de la performance des composants intégrés dans le moteur. Par exemple, la vitesse de rotation de la pompe de carburant est proportionnelle celle de la turbine haute pression car ses axes correspondants sont solidaires mécaniquement. En plus, les variables du débit de carburant et da la pression du carburant dans la chambre de combustion on été considérées aussi représentatives du scénario car les actionneurs sont conditionnés par ces variables du circuit carburant. L'ensemble des variables peut être vu dans le schéma à continuation :

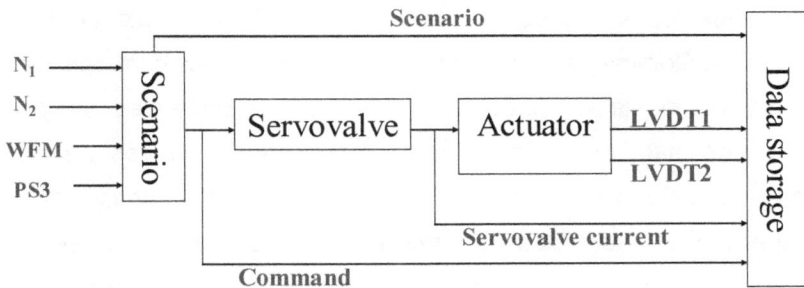

Figure 54 Jeu de donnés stockées en banc d'essais

Une fois défini le scénario, les variables stockées représentatives dans l'analyse de la performance du système sont :

Variable	Description
V_1, V_2	Les signaux redondants fournis pour les capteurs

Variable	Description
	places sur chaque actionneur
SEL	Valeur sélectionnée entre les deux vois redondantes pour être fourni au calculateur FADEC. Habituellement, en cas de fonctionnement normal, la valeur sélectionnée correspond à la moyenne entre V_1 et V_2
Commande	Signal digital fournie par le calculateur FADEC
SC	Courant de la servovalve est le signal de la commande transformé en analogique pour commande la servovalve à l'entrée de l'actionneur

Tableau 10 Indicateurs de la performance du système

Une fois définies les variables, nous allons présenter les cycles auxquels les systèmes sont soumis pendant les tests en banc d'essais. Comme introduit précédemment, ces cycles correspondent à preuves de vie accélérée, c'est-à-dire, que sa durée n'est pas d'un ordre de magnitude pareil à celui dans réalité (2 heures contre 3 minutes). Pourtant, la dégradation est introduite à base de la répétition de ces cycles de forme continue. Quoique la durée des cycles n'est pas approximative de la réalité, il faut remarque que la durée de chaque phase de vol est bien proportionnelle dans le cycle à celle correspondante dans la réalité.

La Figure 55 illustre le cycle typique de l'aéronautique civile (ci-dessous en échelle de minutes) avec les phases de vol ensuite décrites :

- Ralenti (idle), chauffage du moteur jusqu'au l'atteinte des conditions nominales
- Croisière (cruise), régime permanent de plus longue durée correspondant aux conditions régime moteur maximal
- Sol (ground) manœuvres pendant le transit au sol une fois l'appareil est atterrit
- Grand idle, étape de descente du régime moteur une fois au sol précédent l'arrêt du moteur

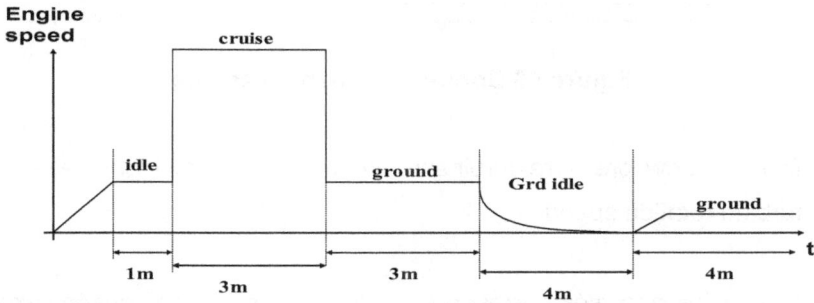

Figure 55 Cycle de vie des moteurs en banc d'essais

Figure 56 montre un exemple du cycle des données suivant le schéma de la Figure 54 dans le format qu'elles sont présentées une fois stockées. Dans l'exemple, la figure montre les vitesses de rotation des turbines haute et basse pression :

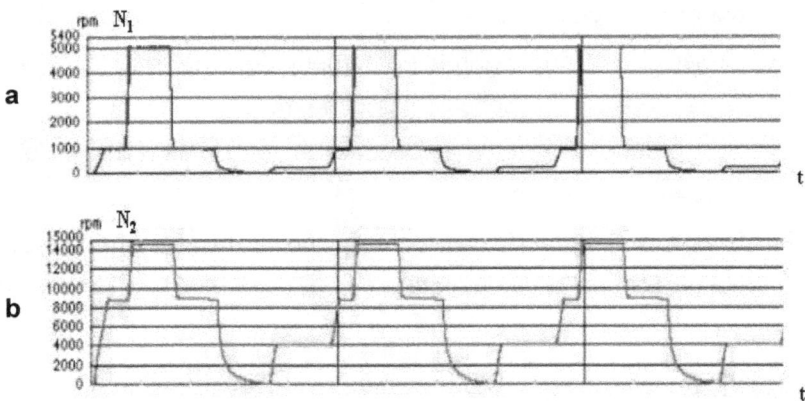

Figure 56 Données en banc d'essais:

Dont a) Low pressure turbine rotation speed et b) high pressure turbine rotation speed.

Les cycles analysés correspondent à quatre périodes consécutives d'enregistrements (voir Tableau 11) équivalentes en total à la moitié de la mi-vie estimée du système. Les donnés dans une même période peuvent être considérées comme stationnaires vis-à-vis de l'analyse du vieillissement du système, car entre le début et la fin d'une période la dégradation sur le système est estimée peu significative. En conséquence, les ensembles de données ont été traités comme des étapes discrètes dans la propre vie du système. Particulièrement, l'ensemble des données stockées pour la période A (novembre 2006) a été établi comme référence de l'analyse avec le label correspondant à l'état initial.

A	Données en banc d'essais du novembre 2006 (état initial)
B	Données en banc d'essais du décembre 2006
C	Données en banc d'essais du janvier 2007
D	Données en banc d'essais du février 2007

Tableau 11 Périodes d'enregistrement des données des tests en banc d'essais

Ensuite, nous allons analyser les donnés d'un point de vue du vieillissement, tout essayant d'identifier les variables susceptibles d'être des indicateurs de vieillissement, les probables modes de dégradation et les phases de vol les plus favorables pour l'observation de la dégradation.

4.3.4.2. Analyse des données obtenues en banc d'essais

Identification des phases de vol

Dans cette section nous proposons une méthode basée sur les systèmes à événements discrètes qui nous aidera dans deux objectifs :

- Dynamique, identifier de façon précise la phase de vol pour additionner cette information dans le diagnostic
- Statistique, identifier les phases de vol nous fournira un critère pour enregistrer les signaux dans son étape plus informative ou critique

Dans le premier cas, certaines défaillances identifiées sur le système hydraulique sont liées à de phénomène de biais, comme sera présenter avec plus de détail dans al section suivante. Connaître la phase de vol nous permet distinguer d'avantage si la réponse que nous devrions attendre est en régime permanent ou bien transitoire. Dans le deuxième cas, identifier la phase de vol plus approprié pour l'enregistrement de données pourrait améliorer les algorithmes de pronostic.

D'abord, les phases de vol type ont été identifiées (voir section 4.3.4.1) comme les états d'un automate, ou SED. Ensuite, les relations possibles entre elles ont été introduites comme transitions entre les états, obtenant ainsi l'automate d'identification de phases de vol illustrer ci-dessous :

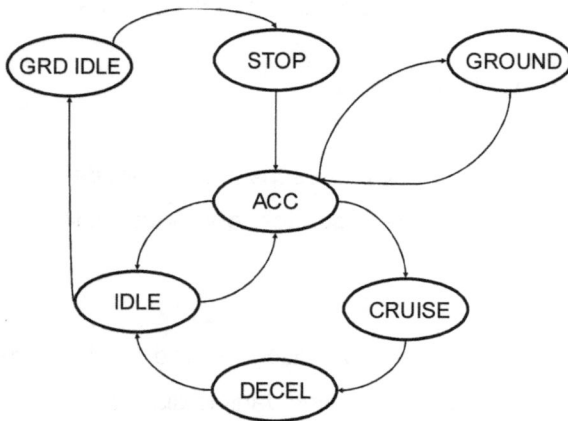

Figure 57 SED pour l'identification de la phase de vol

Les transitions de cet automate sont gouvernées au moyen des vitesses de rotation de la turbine basse et haute pression, N_1 et N_2

respectivement (voir Chapitre 1), et ces dérivées (accélérations), pour mieux ajuster les transitoires.

$$\chi_i = f(N_1, \dot{N}_1, N_2, \dot{N}_2)$$ (102)

Le fait de modeler les transitions avec les deux vitesses de rotation semblerait redondant. Pourtant, cette redondance rend le système plus robuste face à une panne des capteurs associés à une des deux variables thermodynamiques.

Analyse des données en banc d'essais vers la recherche d'indicateurs de pronostic

Es données en banc d'essais vont être d'abord distribuées en phases de vol au moyen de l'outil auparavant décrit. En plus, nous prendrons en compte dans l'analyse les périodes de tests (Tableau 11), car nous cherchons à détecter des tendances de vieillissement. Nous cherchons ensuite d'identifier des indicateurs de vieillissement parmi les variables disponibles (Tableau 10).

Comme résultat de cette analyse nous identifions les suivants indicateurs :

Indicateur	Description
ΔSens	|Capteur$_1$-Capteur$_2$| différence entre les deux capteurs redondants
ΔCom	Différence entre la réponse et la commande
SC	Courant de la servovalve
SEL	Sortie sélectionnée, habituellement la moyen de deux capteurs redondants

Tableau 12 Indicateurs de vieillissement pour le pronostic du système

- La différence entre les capteurs est prise en compte dans l'analyse du vieillissement car dans des conditions nominales les deux capteurs devraient fournir la même valeur. En conséquence, une différence entre les signaux fournis indiquerait un manque de performance des capteurs LVDT.

- L'erreur de sortie est un indicateur commun de la performance d'un système, à cause de l'impossibilité du système à suivre la commande

- La courant de la servovalve est choisi en tant qu'indicateur car théoriquement la commande du régulateur présente toujours la tendance de compenser la réponse du système pour lui faire suivre la consigne (voir chapitre III). Alors, cette remarque peut être traduite comme le fait que ; moins le système est performant, plus le régulateur doit apporter d'énergie.

- Une tendance sur la valeur sélectionnée peut représenter un biais de la performance du système. La valeur sélectionnée est en fait la valeur renvoyée au calculateur embarqué. Donc, un biais de la valeur fournie au calculateur pourrait entraîner une dégradation de la dynamique du système

Les quatre indicateurs proposés sont ensuite analysés avec la méthode ANOVA. La méthode ANOVA est une méthode statistique qui fournit un critère pour évaluer l'influence d'une variable sur un ensemble de données. Autrement dit, la méthode fournit un critère pour évaluer la dépendance d'un ensemble de données vis-à-vis d'un paramètre variable. Cette méthode est largement utilisée dans les tests en banc d'essais pour évaluer, par exemple, l'influence de la température ou d'autres variables sur les résultats des tests (Meeker, 1998). Les Figure 58, Figure 59, Figure 60, Figure 61 suivantes illustrent les résultats fournis par la méthode ANOVA appliquée aux indicateurs du Tableau 12 pendant les périodes du Tableau 11. Dans notre cas, la variable du test d'influence est la phase de vol, et les phases de vol mises en jeu sont les phases de vol permanentes (ralenti, croisière et sol)

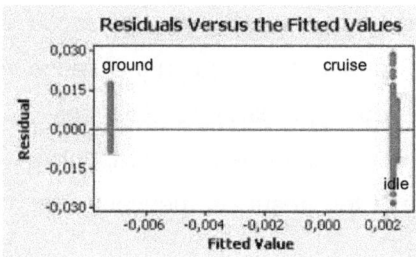

Figure 58 Résultats ANOVA de l'indicateur ΔSens

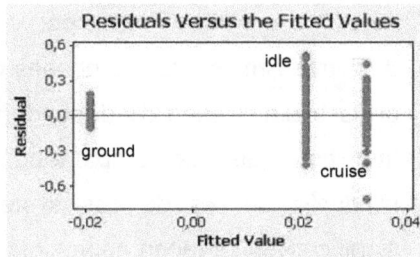

Figure 59 Résultats ANOVA de l'indicateur Δcom

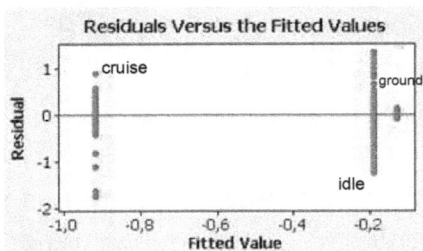

Figure 60 Résultats ANOVA de l'indicateur SEL

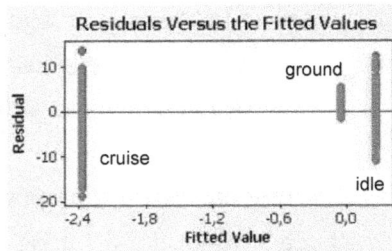

Figure 61 Résultats ANOVA de l'indicateur SC

Les figures précédentes illustrent l'influence des phases de vol sur chacun des indicateurs. Lorsque les données correspondantes à une phase de vol s'éloignent du point zéro, indique que l'influence de cette phase de vol est plus grande comparé à l'influence des autres phases de vol. Dans le cas des Figure 58 et Figure 59, la phase de sol serait la phase influente sur l'indicateur des capteurs et de la commande, respectivement, tandis que le régime croisière serait la phase plus influente dans le cas des indicateurs de la Figure 60 et de la Figure 61, valeur sélectionnée et courant de la servovalve respectivement. Le critère d'acceptation ou refus de l'hypothèse initiale fournit par la méthode n'assurer pas de façon définitive l'influence des phases de vol sur les indicateurs à cause de la faible relation d'indépendance, quoique existante. Pourtant, il faut remarquer que compte tenu de la durée des tests par rapport à la durée de vie de ces systèmes, les résultats peuvent être significatives de façon approximative.

En base aux résultats précédents, analysons plus en détail la phase croisière prenant comme hypothèse qu'elle est la phase plus informative vis-à-vis de la dégradation. La Figure 62 illustre la comparaison des indicateurs entre deux périodes d'observations pendant la phase croisière.

a)

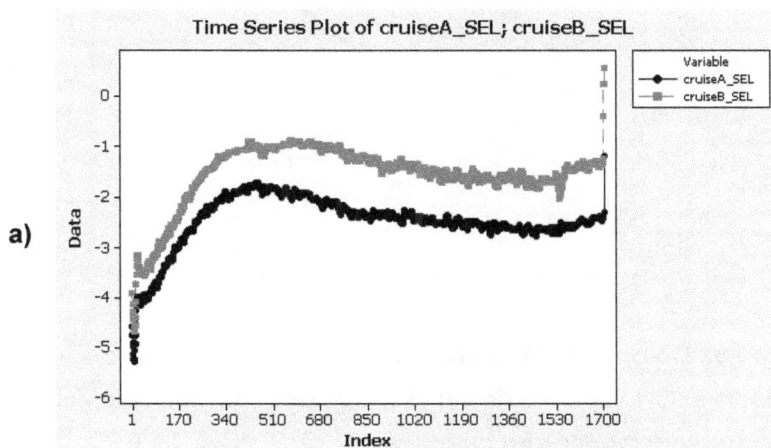

b)

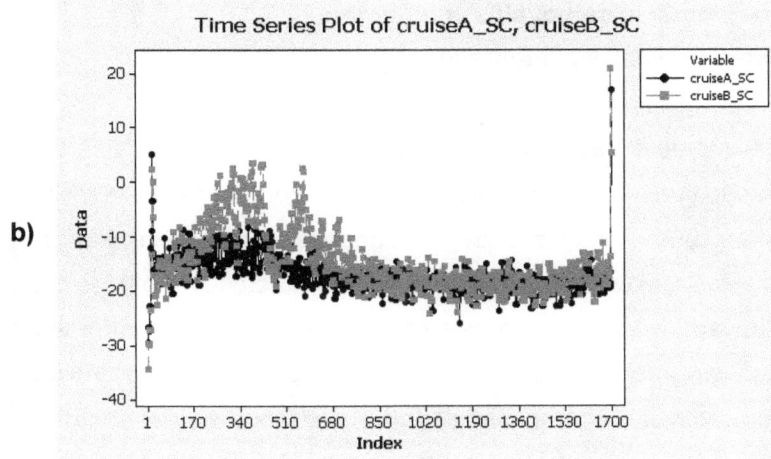

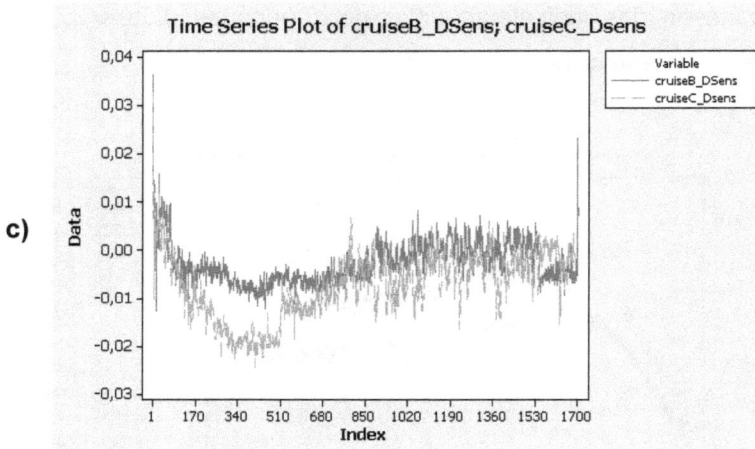

Figure 62 Comparaison temporelle des données en banc d'essais selon la phase de vol et l'indicateur de vieillissement
a) valeur sélectionnée en croisière
b) courant de la servovalve en croisière
c) différence entre capteurs en croisière

Graphiquement, les indicateurs de vieillissement de la différence entre capteurs, la valeur sélectionnée et le courant de la servovalve montrent une tendance entre périodes de test pendant la phase croisière. Cette tendance, quoique légère, renforce l'hypothèse prise auparavant. En plus, les autres phases de vol ne montrent pas de tendances, même pas légèrement, qui puissent nous indiquer qu'elles sont plus appropriées pour la surveillance du vieillissement.

La phase de croisière est une phase de vol permanent. Alors, les variables du système pendant la phase croisière devraient être constantes autour d'une valeur d'équilibre correspondante au point de régime nominal. Cette hypothèse est également valide pour les indicateurs de vieillissement proposés, dès qu'ils sont associés aux variables surveillées du système. Ainsi, nous pouvons continuer l'analyse des indicateurs en comparant la moyenne µ et la variance σ des indicateurs autour du point nominal du régime croisière. Si ces mesures statistiques montrent une dépendance par rapport au temps des tests, nous pourrions en conclure que le point nominal présente une tendance ou dérive à cause du vieillissement.

La Figure 63 illustre l'évolution de µ et σ par rapport aux périodes de tests (voir Tableau 11) pour l'indicateur de la différence entre capteurs redondants pendant la phase croisière.

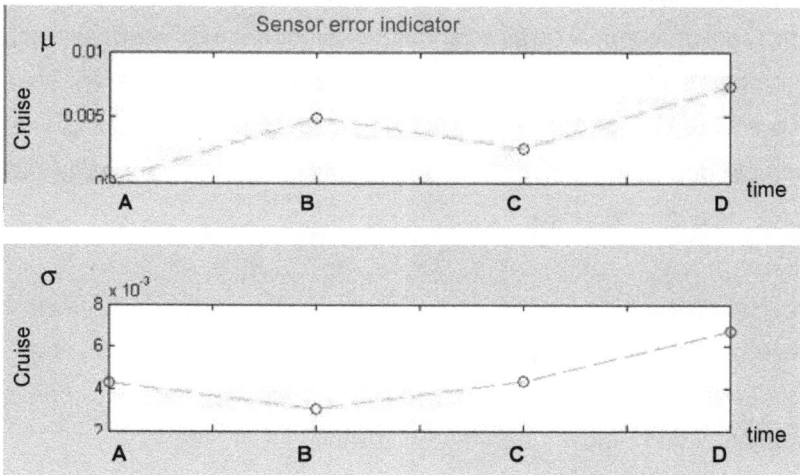

Figure 63 Evolution temporelle de σ de l'indicateur de la différence entre capteurs en phase croisière

Pareillement, la Figure 64 montre cette évolution de la variance par rapport au temps, ainsi comme la Figure 65, ajoutant aussi dans ce cas la représentation de µ-σ.

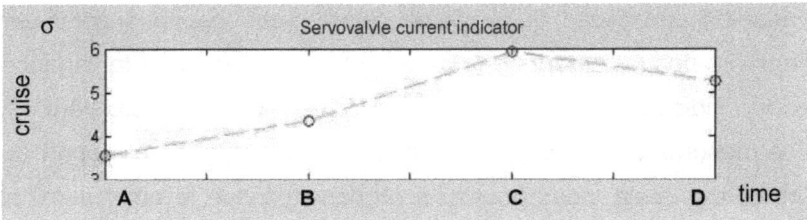

Figure 64 Evolution temporelle de σ de l'indicateur du courant de la servovalve en phase croisière

Dans les deux premiers cas, nous pouvons apprécier une tendance dès la période initiale (A) jusqu'à la période finale (D) (voir Tableau 11). Cependant, les courbes obtenues ne sont pas monotones croissantes, comme serait attendu d'une tendance de vieillissement. A ce point, il faut remarquer encore que la durée des tests analysés représente un quart de la vie moyenne du système hydraulique, et donc la dégradation qu'on devrait y identifier serait légère et ne pas forcement constante.

Les courbes de la Figure 65 obtenues pour l'indicateur de la variable sélectionnée sont déjà plus significatives. Ces courbes montrent une tendance monotone croissante des valeurs μ et σ des points nominaux de l'indicateur en mode croisière.

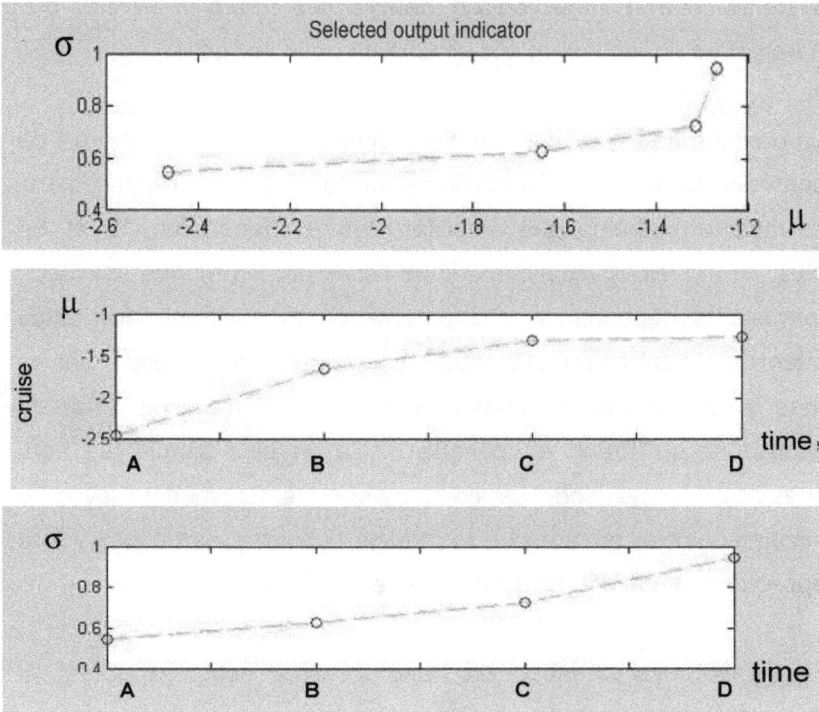

Figure 65 Evolution temporelle de μ-σ de l'indicateur de la valeur sélectionnée en phase croisière

4.3.5. Conclusions

Dans l'étude décrite dans cette section, nous nous sommes servis d'abord du simulateur du système hydraulique pour en évaluer et analyser la performance qui nous a permis de mieux comprendre la dynamique de l'actionneur hydraulique. En plus, le simulateur nous permettra dans la section suivante d'évaluer la dynamique du système face à l'injection de défaillances grâce à l'accès aux paramètres du modèle que le simulateur nous permet.

La modélisation à base d'équations différentielles nous à permis de confirmer la non-linéarité observée sur le système, et d'en obtenir un modèle mathématique simplifié (Hahn et Pieperbrink, 1994). En plus, ce modèle d'équations différentielles nous a montré de façon formelle la dépendance des paramètres du système aux fuites internes. Postérieurement, nous nous sommes appuyés sur la théorie des modèles hybrides pour proposer un modèle hybride du simulateur qui prend en compte de façon plus simple les non-linéarités du système. La comparaison de ce modèle avec le simulateur nous montre que le modèle hybride pourrait être valide appliqué dans un diagnostic à base de modèles.

Finalement, les données en banc d'essais nous ont fourni la possibilité d'analyser le modèle vis-à-vis du pronostic, en nous permettant d'analyser des données historiques sans défaillance où la dégradation apparaît comme la seule variable potentielle d'affecter la dynamique du système. Comme résultat, la phase de vol croisière est identifiée comme la plus informative face aux indicateurs de vieillissement liés à la valeur sélectionnée et au courant de la servovalve. Cette analyse a été réalisé utilisant un automate qui nous a permis d'identifier les phases de vol parmi les ensembles de données. En plus, nous espérons que l'identification que la phase de vol puisse aussi fournir un critère d'enregistrement de données de l'historique du système.

4.4. Description des défaillances du système

Dans cette section nous allons décrire plus en détail les défaillances qui ont été identifiées sur le système grâce à l'analyse des données historiques et aux critères des experts en maintenance de notre partenaire Hispano-Suiza, dans le cadre du projet TATEM. Ensuite, nous allons présenter aussi comment ces défaillances ont été modélisées pour être injectées dans les modèles choisis.

4.4.1. Description des défaillances

4.4.1.1. Défaillances sur le capteur de position LVDT

La présentation suivante traitait les dérives des capteurs de position LVDT, ces dérives résultent de deux phénomènes majeurs :

- Le contact Intermittent au niveau des fils électriques
- La surchauffe du capteur LVDT

Si c'est le LVDT de la boucle VSV qui est concerné par la dérive et que le calculateur ne parvient pas à détecter cette panne ni à choisir la bonne voie, il y a risque de pompage du moteur.

Contact intermittent

Un contact intermittent sur un enroulement secondaire entraîne une dérive de la mesure sur le capteur concerné. Cette panne est transitoire dans le sens où le contact ne peut être intermittent que de l'ordre de 4 à 5 EFH. En effet le contact intermittent provoque des arcs électriques qui endommagent le cuivre, ouvrant définitivement le circuit et causant enfin une panne permanente. De plus, lors de changement thermique et d'un passage de température élevée à basse (à la fin d'un vol par exemple), le cuivre se rétracte avec pour conséquence l'ouverture du circuit. La détection de la panne par le calculateur ne pose alors plus de problème.

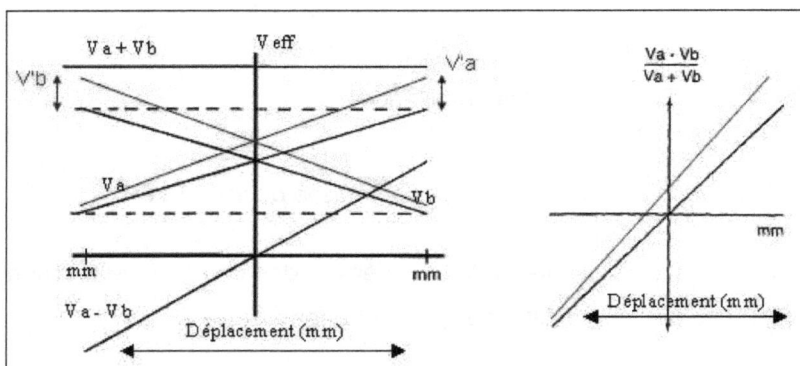

Figure 66 Effet des contacts intermittents sur les tensions secondaires

D'un coté, si un problème de contact intermittent intervenait sur l'enroulement primaire, on peut penser qu'il serait plus rapidement identifié par la détection de panne (logiciel qui est embarquée dans le calculateur FADEC) car la dérive de tension influencerait les deux enroulements secondaires, dont la somme serait alors rapidement inférieure à la tension minimum autorisée. De l'autre coté, s'il intervient sur les enroulements secondaires il influence les tensions secondaires en créant un déphasage par rapport à la tension normale (Figure 66).

Surchauffe du capteur LVDT

Lors du fonctionnement dans des conditions thermiques extrêmes, il existe un risque de dérive thermique pour les capteurs de position LVDT. Le piston des actionneurs est pourvu d'un diaphragme de refroidissement qui empêche le carburant de se surchauffer à cause de la compression. Ces conditions thermiques extrêmes combinées à une obturation de ce diaphragme de refroidissement (LEE JET) du vérin VSV induisent la cokéfaction du carburant et par conséquent la surchauffe du capteur LVDT. En température, la précision globale du capteur LVDT dépend directement du choix du point de réglage et de l'enveloppe de linéarité qu'on lui associe à la température ambiante. Le point de réglage du système complet est défini à la position vérin tige rentrée.

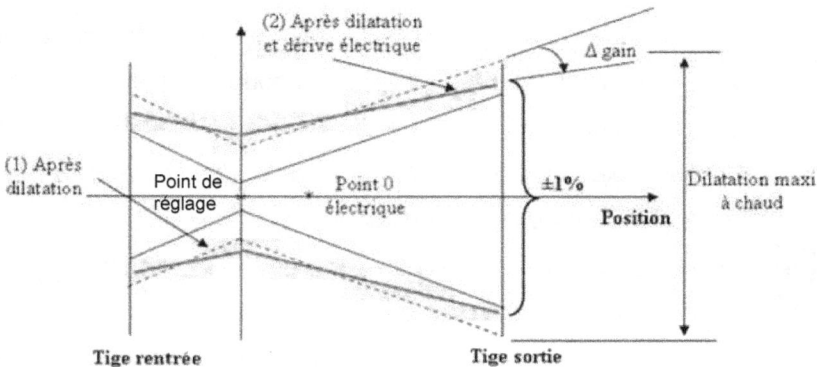

Figure 67: Enveloppe globale après dérives thermiques

La dérive thermique globale résulte de la dérive électrique et de la dérive dilatation. La zone séparant les deux enveloppes de la précision du capteur en température ambiante et en température extrême serait intéressante pour simuler ces dérives.

4.4.1.2. Servovalve

Une présentation des anomalies et des pannes rencontrées sur les servovalves du moteur M88 a été effectuée, en effet Hispano-Suiza dispose uniquement de l'expérience M88 sur ces équipements, néanmoins il a été confirmé qu'il s'agit du même type d'anomalies que sur les servovalves CFM56 compte tenu de la technologie et des conditions de fonctionnement. Les dérives rencontrées sur ces équipements en exploitation sont les suivantes :

- Décalage du courant d'équilibre correspondant à un débit nul : les décalages observés sont de l'ordre de 2 à 4mA,
- Perte de débit aux intensités mini et maxi (de l'ordre de 3L/min maxi pour les servovalves double étage et perte de 1L/h pour les mono étages),
- Perte des performances dynamiques (gain et phase),
- Fuites externes (quelques gouttes/h)
- Hystérésis de la courbe de gain en pression (2.2mA au lieu de <1.5mA),
- Hystérésis de la courbe de gain débit (3.2mA au lieu de <3mA).

Vu les fréquences et l'importance des dérives en exploitation, il a été décidé de se limiter uniquement sur les simulations du premier mode de dérive en définissant la plage de décalage du courant d'équilibre. Cette défaillance entraine des phénomènes associés du type :

- Fuites externes
- Pertes de débit opérationnel aux intensités maximale et minimale

4.4.1.3. Usures internes sur le corps du vérin

Le dernier type de dérives traitées sur la boucle de régulation concerne les usures circonférentielles sur les corps des vérins GE90 en position de croisière, il est avéré que ce phénomène concerne environ 15% des vérins déposés. Une analyse causale de ce phénomène montre que l'instabilité de la boucle de régulation pourrait être une cause primordiale de ce phénomène. Pour confirmer cette supposition, il serait intéressant de passer des tests ATP avant et après réparation en s'intéressant aux oscillations du piston durant la phase de croisière. Pour le moment seul les vérins réparés passent ce test.

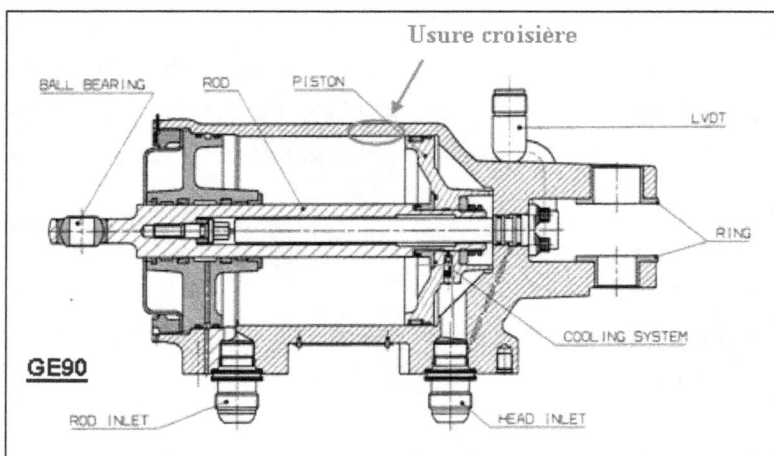

Figure 68: Usure en position de croisière des vérins GE90

Les usures circonférentielles sur le corps du vérin pourrait entraîner des fuites internes entre les deux chambres du vérin pendant la phase de croisière. Ainsi, il serait intéressant de simuler ce phénomène probablement par un débit de fuite correspondant au volume d'usure durant cette phase de croisière dans le but d'observer un changement dans la dynamique de l'actionneur. Ceci a été discuté lors des études de modélisation de l'usure des matériaux faite par la société INAS, partenaire du projet TATEM.

Figure 69 Usure sur le corps du vérin en position croisière

4.4.2.   Injection des défaillances

Une fois identifiés les modes défaillants du système nous allons modéliser l'injection des défaillances dans le modèle de l'actionneur et dans el simulateur. D'abord, les défaillances décrites dans la section précédente sont résumées dans le tableau ci-dessous :

Causes	Effets	Défaillance	Observations
Obturation du LEE JET	Cokéfaction	Surchauffage	
Vibrations du moteur Vieillissement du circuit électrique LVDT	Microcoupures électriques	Contact intermittent	Dérive du capteur LVDT

Causes	Effets	Défaillance	Observations
Vieillissement du circuit électrique servovalve	Intensités déséquilibrées	Dérive courant servovalve	Point zéro biaisé
Cruise mode oscillations	Usure interne du vérin	Fuites internes	Changement de modèle croisière

Tableau 13 Modes de défaillances pour le système actionneur-servovalve-LVDT

Les modes défaillants à simuler sont ;

- Le décalage du courant d'équilibre de la servovalve
- La dérive du capteur de position comme conséquence des microcoupures ou de la cokéfaction
- Les usures locales sur le corps du vérin en position de croisière

4.4.2.1. Capteur de position LVDT

La principale défaillance à injecter dans le modèle associée au capteur de position est la dérive de la position. Les dérives sont injectées pendant un intervalle de 5 secondes.

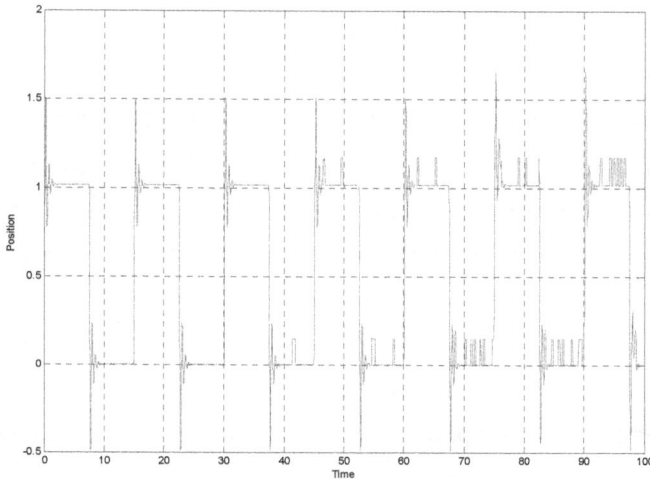

Figure 70 Dérives sur le capteur LVDT suivant un processus de Poisson

Principes généraux

La détection de panne des capteurs est faite au travers de trois niveaux de tests correspondant aux trois niveaux du calculateur : l'I/O, l'OS et l'AS.

I/O: Entrées/Sorties

OS: Operating System

AS: Architecture Système

- **Tests d'intégrité** : Ces tests sont des tests électriques, ils sont pris en charge dans les couches I/O et OS, ils permettent de détecter les courts-circuits, les circuits ouverts ou un connecteur débranché. Tests effectués : V1≠ 0, V2≠ 0, S = V1+V2 ≥ Cte ±10% avec Cte ≥ 3v

- **Test de vraisemblance** d'une mesure : Ce test, appelé aussi test de zone, est réalisé au niveau du logiciel. La détection résulte de la comparaison de la mesure acquise à un seuil mini et à un seuil maxi correspondant aux limites physiques rencontrées.

- **Test d'écart** : Ce test est réalisé au niveau du logiciel. Il est effectué entre deux mesures " physiques ". La détection de la défaillance résulte de la comparaison de la valeur absolue de l'écart à un seuil. La localisation de la défaillance à une mesure nécessite un vote, soit au moins trois mesures d'un même paramètre. Dans le cas où l'on ne sait pas localiser, une valeur sécuritaire est sélectionnée. La localisation est limitée à la ligne d'élaboration de la mesure (typiquement capteur + liaison et connectique + conversion).

Stratégie de sélection de mesure

- Une panne est déclarée sur un capteur si une panne d'intégrité électrique et/ou une panne de vraisemblance est détectée.
- Une panne est confirmée si elle est encore présente au bout d'un temps de confirmation déterminé en fonction du type de capteur concerné.

Lorsqu'une panne est détectée sur une mesure, plusieurs stratégies sont possibles pour le choix de la valeur à retenir :

- En cas de panne non franche (dérive par exemple) d'une mesure, plusieurs stratégies sont envisageables pour le choix de la mesure saine :
  - o Nous pouvons prendre la valeur la plus sécuritaire si l'on détecte un écart entre elles. Ceci correspond d'ailleurs à la seule stratégie possible pour les capteurs qui ne disposent pas de modèle.
  - o Nous pouvons prendre la valeur la plus proche du modèle. Dans ce cas, le modèle est utilisé comme voyeur mais il faut savoir que si une panne non franche survient sur un capteur intervenant dans le contrôle de la poussée, cela conduit à un fonctionnement transitoire du moteur et par conséquent une forte imprécision du modèle.
- Dans le cas des mesures sans modèle (cas boucle VSV), il existe plusieurs valeurs possibles pour la mesure sélectionnée :
  - o Moyenne des mesures entre la voie locale et l'autre voie
  - o Valeur de la mesure de la voie locale
  - o Valeur de la mesure de l'autre voie
  - o Dernière valeur valide
  - o Valeur sécuritaire (à déterminer au cas par cas en fonction du capteur)

Cas particuliers:

- En cas **d'absence de panne**, on sélectionne la moyenne des deux mesures.

- En cas de **double panne non confirmée**, on choisit la dernière valeur valide car on privilégie la possibilité d'une panne fugitive sur au moins l'une des deux mesures incriminées. On évite ainsi de placer le moteur dans un état dégradé tant que les pannes ne sont pas confirmées.

- Il en est de même dans le cas d'un **double panne avec l'une des deux mesures faisant l'objet d'une panne confirmée**. On estime dans ce cas la possibilité d'une panne fugitive sur la mesure dont la panne n'est pas confirmée.

- En cas de **double panne confirmée**, une valeur particulière doit être sélectionnée. Cette valeur dépend du type de capteur.

- En cas de **détection d'écart non confirmée** avec des mesures déclarées saines, on choisit la dernière valeur valide pour palier à un cas de panne fugitive.

- En cas de **détection d'écart confirmée** avec des mesures déclarées saines, ces deux mesures sont incohérentes mais il n'est pas possible de localiser la voie en panne. Généralement, on sélectionne la valeur la plus sécuritaire mais il existe quelques cas particuliers selon le type de capteur, pour lesquels une valeur spécifique est préférable. Par exemple, nous choisissons d'effectuer la moyenne des mesures pour les capteurs de position des boucles d'asservissement car il est préférable de continuer à réguler au risque de faire partir le moteur en survitesse (dans ce cas la protection survitesse s'activera) ou de faire pomper le moteur.

* Cas **d'échange entre voie indisponible**. Si la mesure locale est déclarée saine, alors on la sélectionne. Si elle est déclarée en panne non confirmée, on sélectionne la dernière valeur valide pour se protéger contre une panne fugitive. Si cette panne se confirme, on sélectionne alors une valeur sécuritaire que l'on détermine en fonction du capteur.

4.4.2.2. *Dérive sur le courant de la servovalve*

Le courant de la servovalve est un signal analogique provenant du signal digital fourni par le régulateur du système. Le capteur LVDT fournit la position de l'actionneur au régulateur, qui compare ce signal à la commande du système pour effectuer la boucle de régulation. Le signal digital sortant du régulateur est transformé en signal analogique d'intensité de courant. Cette intensité de courant et enfin l'entrée utilisée pour commander la servovalve et ainsi l'actionneur hydraulique.

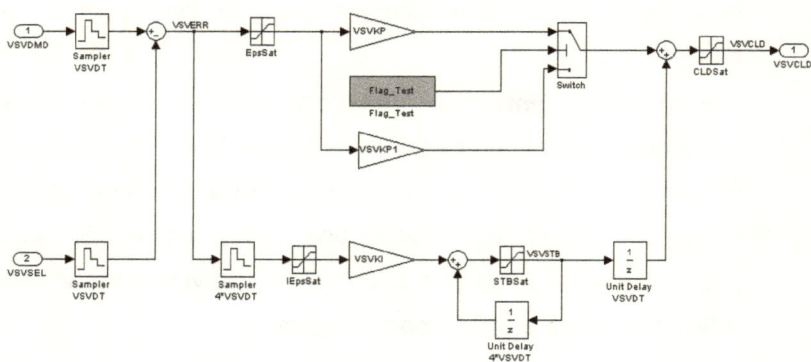

Figure 71 Configuration de la boucle de régulation dans le simulateur

Le régulateur du système hydraulique est un régulateur proportionnel-intégrateur (PI) Figure 71. Les constantes de la boucle sont Kp=578 mA/inch et Ki=6.8 mA/inch pour la partie proportionnel et pour la partie intégrateur respectivement.

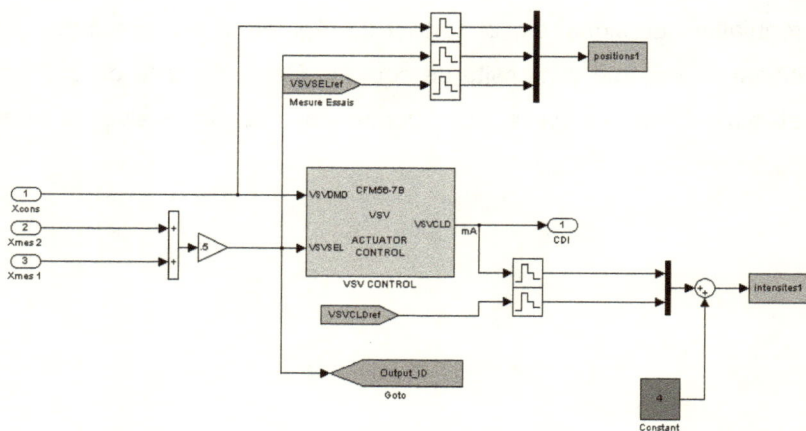

Figure 72 Injection du biais du courant de la servovalve (bloc rouge de la figure)

Le calculateur gère l'information de position provenant du capteur LVDT et génère la commande en intensité ISVA qui attaque la servovalve. Quand l'écart entre la position réelle du vérin et la consigne est grande, le calculateur délivre une intensité ISVA extrême (-300 ou +300 mA en fonction du signe de l'écart. Lorsque l'asservissement est stabilisé c'est à dire quand le piston est à la position souhaitée (écart nul), le courant régule autour de sa valeur d'équilibre; ISVA=SVNullCurrent. Théoriquement cette valeur est de -18 mA.

L'asservissement est géré par un réseau correcteur de type PID (Proportionnel Intégral Dérivée). La fonction intégrale assure la précision de l'asservissement. Afin d'éviter la saturation du courant sur les valeurs limites (-300/300mA) du courant de commande, notamment lorsque le moteur est à l'arrêt et sous tension, cette fonction intégrale est limitée par des valeurs min (VSVtbmin=-54.0 mA) et max (VSVtbmax=19.0 mA) de part et d'autre du courant d'équilibre théorique de l'asservissement.

Le principal mode de dérive rencontré sur les servovalves concerne le courant d'équilibre. Celui-ci se décale vis-à-vis du courant d'équilibre théorique, la plage de fonctionnement de l'intégrateur se décentre. Lorsque le courant ISVA se trouverait hors de la plage (VSVStbMin+2mA à VSVStbMax-2mA), l'effet intégral risquerait alors d'être inefficace.

4.4.2.3. *Usure interne sur le corps du vérin*

Les analyses des experts de maintenance rapportent l'observation des usures internes sur le corps du vérin situées sur la position équivalente au régime croisière, donc 90% de la longueur du vérin (tige sortie). Ces usures internes montrent des dimensions entre 10-15 mm et entre 1-2 mm de profondeur. Quoique la relation directe entre ces usures et les fuites internes ne soit pas démontrée, en nous appuyant sur le point de vue des experts, nous pouvons faire l'hypothèse que l'usure du vérin sur la position croisière est la cause plus probable de l'apparition des fuites internes. Les usures internes sont déjà la cause principale de rejet du vérin hydraulique, lors des opérations de maintenance programmées (TBO) sur les moteurs GE90 et CFM-7B. L'apparition de ces usures sur la position croisière parait raisonnable, car elle est la phase de vol de plus longue durée et sur des sollicitations mécaniques plus sévères.

La partie hydraulique du simulateur est conçu pour prendre en compte le coefficient des fuites, ajoutant une constante $K_{leakage}$ qui représente les fuites internes entre les deux chambres de l'actionneur. Dans le cas nominal, cette constante de fuites représente le débit de carburant circulant entre les deux chambres à travers le diaphragme de refroidissement. Cette constante de fuites peut en fait être changée dans le simulateur, obtenant ainsi un modèle du système défaillant. Les figures à continuation illustrent la dynamique obtenue du simulateur avec différents niveaux de fuites internes. La Figure 73 correspond à la réponse sans fuites, c'est à dire, celle avec le diaphragme de refroidissement bouché. La Figure

74 et la Figure 75 correspondent à un niveau de fuites nominal et
deux fois le nominal.

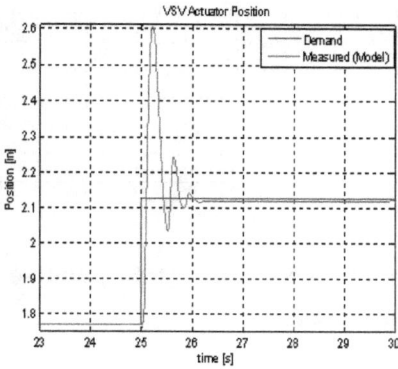

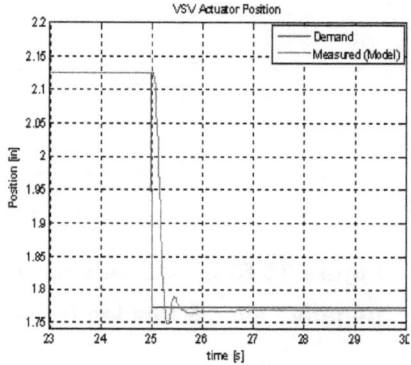

**Figure 73 Réponse de l'actionneur face à une entrée positive et
négative sans fuites**

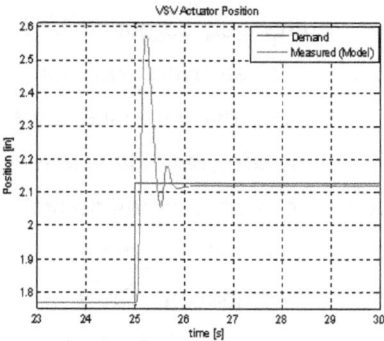

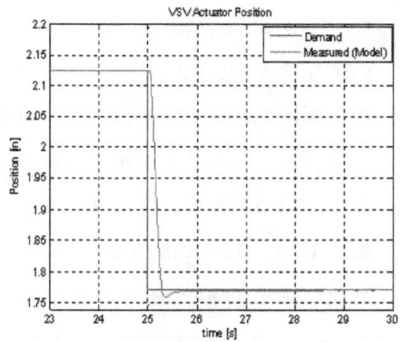

**Figure 74 Réponse de l'actionneur face à une entrée positive et
négative avec fuites nominales**

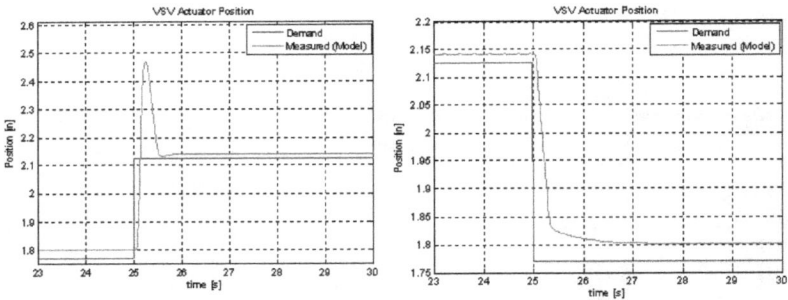

Figure 75 Réponse de l'actionneur face à une entrée positive et négative avec 5 fois les fuites nominales

Il faut remarquer que dans le cas du débit de fuites nul à cause de l'obstruction du diaphragme de refroidissement (Figure 73) la défaillance identifiée n'est pas l'usure interne mais le surchauffe du capteur de position LVDT, comme raisonné dans la section 4.4.1.1. De toutes façons, les trois figures précédentes illustrent que le modèle du système est susceptible de changer, ce qui se traduira par des biais dans les paramètres décrivant sa dynamique lorsqu'il est affecté pour une défaillance. Cette idée est introduite dans le Chapitre III en faisant l'hypothèse que le modèle varie dans le temps à cause de la dégradation. L'introduction des paramètres du modèle en tant qu'indicateurs du vieillissement est la méthodologie proposée pour la surveillance de la dégradation. Dans le cas présent, nous pouvons observer d'après les simulations que l'usure interne du vérin produira de forme progressive, sous forme de tendance, un changement de la dynamique du système. A partir de ces observations, la méthode proposée dans le Chapitre III section

5 sera appliqué dans des sections suivantes, dans le but de proposer une méthodologie de pronostic.

L'usure interne a été modélisée utilisant la constante de fuites du simulateur pour simuler une usure sur le corps du vérin, combinée une entrée sous la forme d'un bruit blanc gaussien autour du point du régime croisière pour simuler les oscillations. L'amplitude de ces oscillations a été prise équivalente aux 10-15 mm d'amplitude de l'usure, et le bruit blanc a été modélise d'après une analyse fréquentielle des données en régime croisière.

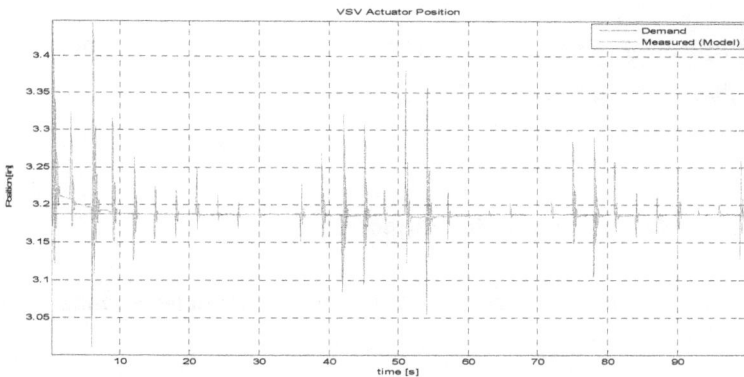

Figure 76 Oscillations autour du point de croisière avec un niveau de fuites normal

La Figure 76 illustre la réponse de l'actionneur avec un niveau nominal de fuites et la Figure 77 illustre une réponse avec un niveau de fuites cinq fois le niveau nominal. L'entrée appliquée dans les simulations est une entrée nulle, correspondante à une commande stationnaire, simulant ainsi le régime permanent croisière. Pourtant, l'entrée a été bruitée avec les bruit blanc gaussien qui représente les oscillations autour du p_{int} d'équilibre croisière nominal.

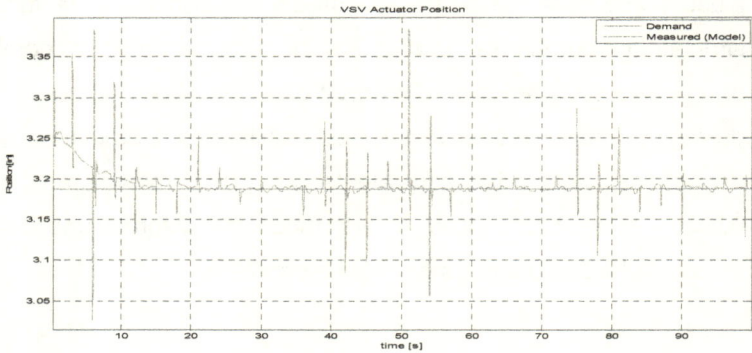

Figure 77 Oscillations autour du point de croisière avec un niveau de fuites deux fois le normal

4.5. Architectures de diagnostic

Trois fonctions de transfert peuvent être identifiées dans la boucle de régulation du système hydraulique :

- La fonction de transfert globale (TG), utilisant comme entrée la commande et comme sortie la valeur sélectionnée fournie au calculateur
- La fonction de transfert locale correspondante au capteur LVDT1 (TL1), qui utilise comme entrée la commande et comme sortie la position du capteur LVDT 1

- La fonction de transfert locale correspondante au capteur LVDT2 (TL2), qui utilise comme entrée la commande et comme sortie la position du capteur LVDT 2

Il faut noter que lorsque le système montre une dynamique nominale sans défaillances, les trois fonctions de transfert deviennent égales. Pourtant, la présence d'une défaillance affectant un des deux capteurs (dérive du *capteur LVDT*) changerait la dynamique juste d'une des deux fonctions locales. D'un autre coté, la fonction globale verra changer sa dynamique face aux défaillances associées soit à la *servovalve* soit à *l'usure interne*.

La détection des défaillances peut être réalisée au moyen de deux approches :

- Génération de résidus utilisant l'erreur de prédiction
- Surveillance du changement des paramètres des fonctions de transfert

La première approche correspond aux méthodes de diagnostic décrites dans le Chapitre II. Ces méthodes sont applicables en ligne et se caractérisent pour utiliser un court historique du système appelé fenêtre glissante, elles seront utilisée de préférence dans le but de détecter et localiser défaillances rapides (hard failures, voir Chapitre III). La deuxième approche correspond aux méthodes introduites dans le Chapitre III, consacrées au pronostic de défaillances. Ces méthodes sont applicables hors-ligne et se caractérisent pour utiliser un large historique du système, correspondant aux tests en banc d'essais au sol ; elles seront utilisées de préférence utilisées dans la surveillance de la dégradation du système (soft failures, voir Chapitre III), dans le but d'une maintenance adaptative et du pronostic de défaillances.

Les défaillances peuvent affecter les fonctions transfert différemment selon son type de défaillance. Les défaillances associées aux composants uniques, tels comme la servovalve, affectent la fonction globale. Dans le cas des fuites internes, cette défaillance peut affecter qu'un seul actionneur. Pourtant, le fait de trouver les deux actionneurs solidaires mécaniquement peut entrainer un changement global de la dynamique. Les capteurs de position n'affecteraient que les fonctions locales. Dans le tableau ci-dessous, nous montrons les relations entre fonctions de transfert et défaillances. Il faut noter que dans ce cas nous avons supposé le capteur de la fonction locale TL1 défaillant, à mode d'exemple illustratif

Défaillance		Fonction de transfert			Evolution
		TG	TL1	TL2	
Fuite interne		oui	oui	oui	Lente
Courant de la servovalve		oui	oui	oui	Lente
Capteur LVDT	Surchauffage	oui	oui	non	Rapide
	Microcoupures	oui	oui	non	Rapide

Tableau 14 Détection et identification de défaillances

La dérive sur les capteurs occasionnée par la surchauffe pourrait être distinguée de celle provoquée par les microcoupures, car l'obturation du diaphragme de refroidissement à été aussi identifiée comme une cause potentielle du changement de la dynamique du système. La Figure 78 montre de forme schématique les fonctions de transfert sur le modèle.

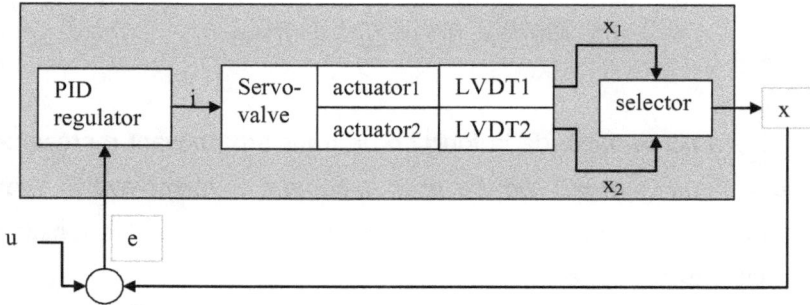

Figure 78 Fonctions de transfert sur le système hydraulique

Où les variables apparaissent sur la figure ci-dessus :

- Commande d'entre (u)
- Position de l'actionneur 1 (x_1), correspondante au LVDT1
- Position de l'actionneur 1 (x_2), correspondante au LVDT2
- Position sélectionnée renvoyée au calculateur (x)
- Courant de la servovalve (i)

L'analyse proposée est basée sur l'observation des fonctions de transfert concernant les deux capteurs LVDT, donc TF1:i→x1, et TF2:i→x2. Le courant de la servovalve utilisé comme entrée du système est accessible qu'un simulation. Alors, il sera nécessaire d'introduire dans le modèle le contrôleur PID dans le but d'obtenir le courant.

Ensuite nous appliquons les méthodes d'estimation des paramètres discrètes avec prédiction de sortie, PEPI (voir Chapitre II).

L'adaptation de la formulation mathématique de la méthode pour le cas présent est présentée en base à un modèle ARMAX comme :

$$y(t) = \sum_{i=1}^{i=ny} a_i . y(t-i) + \sum_{j=1}^{j=nu} b_i . u(t-i) + \varepsilon(t) \qquad (103)$$

Où *y(t)* est la sortie de la fonction de transfert, pouvant représenter ici *x*, *x₁ ou x₂*, et *u(t)* l'entrée, donc le courant de la servovalve. Alors en appliquant l'équation précédente à ces variables, les fonctions transferts deviennent :

TG $\quad x(t) = a_{G1}.x(t-1) + a_{G2}.x(t-2) + b_G.e(t-1) + \varepsilon_G(t)$

TF1 $\quad x_1(t) = a_{11}.x_2(t-1) + a_{12}.x_2(t-2) + b_1.e(t-1) + \varepsilon_1(t) \qquad (104)$

TF2 $\quad x_2(t) = a_{21}.x_2(t-1) + a_{22}.x_2(t-2) + b_2.e(t-1) + \varepsilon_2(t)$

Pour une fenêtre d'observation glissante de N observations, la matrice d'entrées/sorties stockées du modèle est :

$$W(t;N) = \begin{bmatrix} e(t) & x_G(t) & x_1(t) & x_2(t) \\ e(t-1) & x_G(t-1) & x_1(t-1) & x_2(t-1) \\ \vdots & \vdots & \vdots & \vdots \\ e(t-N+1) & x_G(t-N+1) & x_1(t-N+1) & x_2(t-N+1) \end{bmatrix} \qquad (105)$$

L'information fournie par cette matrice de données est évaluée grâce aux indices d'information décrits dans le Chapitre II. Les bruits $\varepsilon_G(t), \varepsilon_1(t), \varepsilon_2(t)$, sont considérés comme bruits blancs gaussiens non corrélés. Les paramètres obtenus de cette méthode sont :

$$\theta_G(t; N) = \begin{bmatrix} a_{G1} \\ a_{G2} \\ b_G \end{bmatrix}, \quad \theta_1(t; N) = \begin{bmatrix} a_{11} \\ a_{12} \\ b_1 \end{bmatrix}, \quad \theta_2(t; N) = \begin{bmatrix} a_{21} \\ a_{22} \\ b_2 \end{bmatrix} \tag{106}$$

Finalement, la figure à continuation illustre le schéma de configuration de l'architecture de diagnostic et pronostic du système actionneur-LVDT-servovalve :

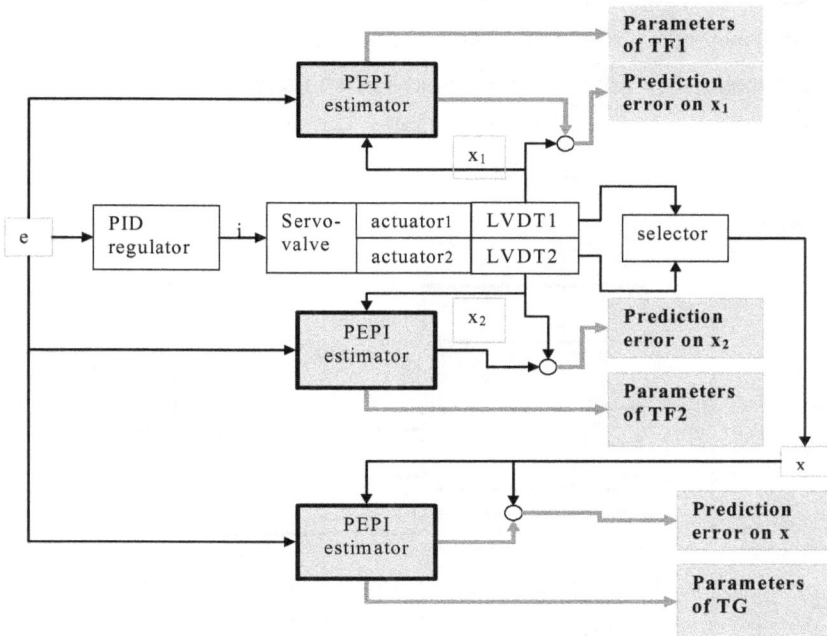

Figure 79 Architecture pour le diagnostic et pronostic du système hydraulique

L'historique du système doit être pris en compte dans le but du pronostic. Donc, le schéma de la Figure 80 nous incorporons l'historique dans l'architecture dans le but de fournir l'historique du système aux algorithmes de pronostic hors-ligne. Dans ce cas, la méthode représentée est une méthode continue (x_c).

Quelques variables restent à définir pour mieux ajuster ces architectures : les seuils de détection et les horizons d'observation. Les seuils de détection vont être ajustés suivant les indications des experts de maintenance, et toujours respectant la contrainte d'éviter les fausses alarmes. Les tailles des historiques enregistrées vont déterminer les données fournies aux algorithmes de diagnostic et pronostic. Ces horizons seront ajustés en base à la connaissance à priori du système et en s'appuyant sur les indices d'information proposées dans le Chapitre II.

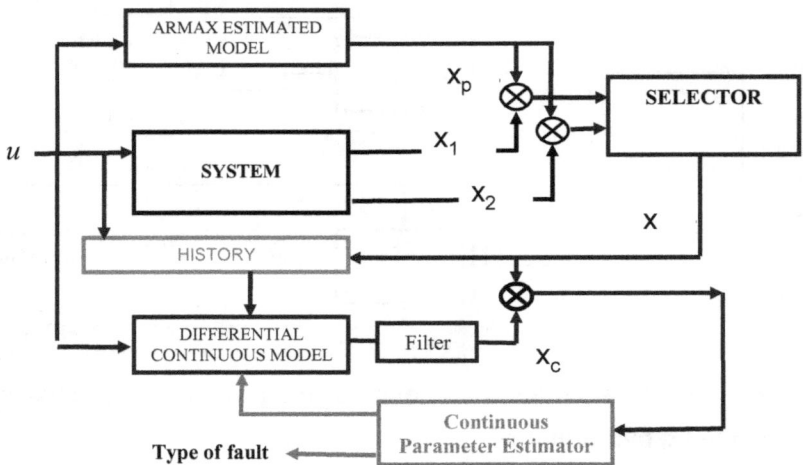

Figure 80 Architecture de diagnostic/pronostic prenant en compte l'historique

4.6. Résultats

4.6.1. Résultats du diagnostic de défaillances

4.6.1.1. Résultats pour le diagnostic à base de modèles utilisant le modèle hybride

Le modèle hybride décrit dans la section 4.3.3 a été utilisé pour réaliser un diagnostic à base de modèles. La vitesse de rotation joue le rôle de la fonction *switch* des sous-modèles linéaires. La sortie de ce modèle hybride est comparée à la sortie du simulateur face à une entrée type d'un cycle aéronautique.

Les figures ci-dessous montrent les résultats obtenus en simulation utilisant le modèle hybride et le modèle global (Figure 81 et Figure 82 respectivement). Ces résultats confirment les conclusions de la section 4.3.3, c'est–à-dire, la meilleure performance du modèle hybride vis-à-vis du diagnostic.

Les résultats de la Figure 81 montre la bonne surveillance du modèle hybride appliqué au système. Pourtant, la sortie fournie par le modèle hybride montre une différence d'une demi pouce. Quoique petite, cette différence entre le modèle et le système est présente pendant toute la phase de croisière. Dans le cas du modèle global, la différence entre le modèle et la système, bien que petite, est constant ne seulement dans la phase croisière mais pendant tout le cycle de vol.

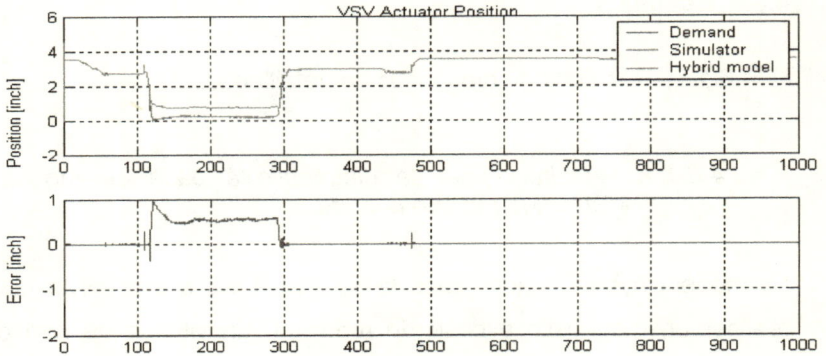

Figure 81 Résultats du diagnostic à base de modèle hybride simulant un cycle de vol type

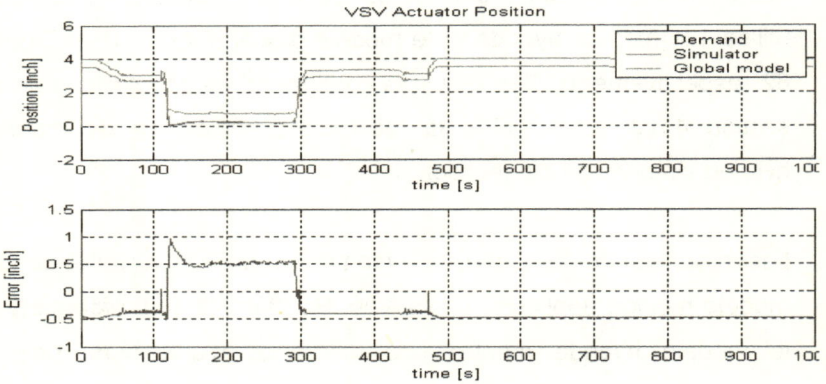

Figure 82 Résultats du diagnostic à base du modèle globale simulant un cycle de vol type

Fixer un seuil de détection utilisant le diagnostic à base de modèles devient un problème face à ces erreurs permanentes. Une meilleure approximation de la phase croisière dans le modèle hybride pourrait garantir une bonne surveillance du système avec le modèle hybride.

4.6.1.2. Résultats pour le diagnostic à base de méthodes d'estimation PEPI avec les indices d'information

La méthode PEPI pour l'estimation des paramètres discrètes et la prédiction de la sortie (voir Chapitre II). Les figures suivantes montrent les paramètres de diagnostic :

- *Position* [°deg] de 4 variables : les deux capteurs (sorties du système), la commande (entrée) et le capteur logiciel PEPI (soft sensor). La sortie fournie par la méthode PEPI est celle qui nous proportionne le critère de diagnostic
- *Error* (Erreur) est la différence entre le capteur 1 et PEPI (rouge) et la différence du capteur 2 et PEPI (bleu). Dans la Figure 83 un seul capteur est considéré défaillant, alors les détections sont réalisées que sur le premier capteur. Dans la Figure 84, les détections sont réalisées sur les deux capteurs (bleu et rouge) car cette figure illustre la méthode dans le cas des deux capteurs pouvant être défaillants.
- *Sélection* est la voie (capteur) sélectionnée comme mesure valide après la détection et localisation de la voie défaillante. La mesure sélectionnée est rebouclée vers le calculateur embarqué.
- *ARX paramètres*, sont les paramètres du modèle ARX estimés par la méthode PEPI.
- *Flight phase* (phase de vol) est la phase de vol identifiée grâce à l'automate précédemment décrit dans la section 4.3.4.2

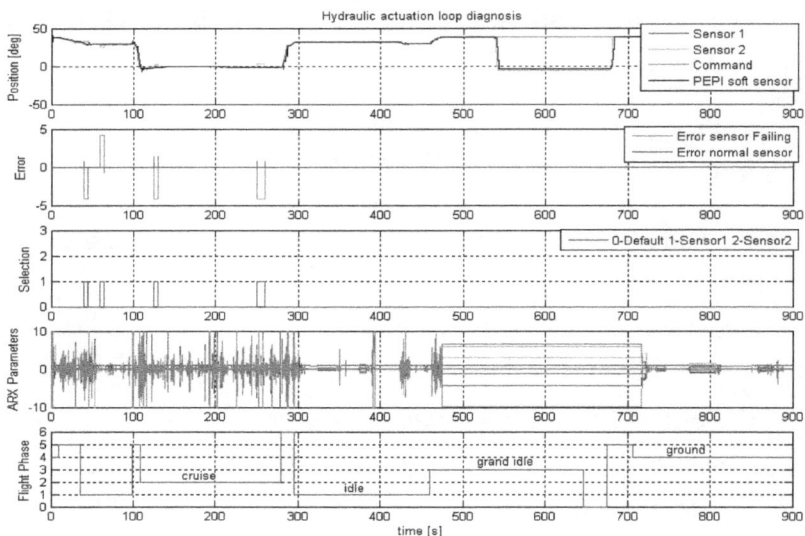

Figure 83 Diagnostic en-ligne de la boucle hydraulique avec un capteur défaillant

Les simulations sont réalisées sur un cycle complet typique aéronautique. La figure ci-dessous montre les résultats du diagnostic en ligne sur deux capteurs qui peuvent présenter des défaillances. On peut observer que la voie sélectionnée est la voie correspondante soit au capteur LVDT1 (soit 4 fois localisation du capteur défaillant LVDT2 sur cet exemple) soit au capteur LVDT2 (soit 2 fois localisation du capteur défaillant LVDT1 sur cet exemple).

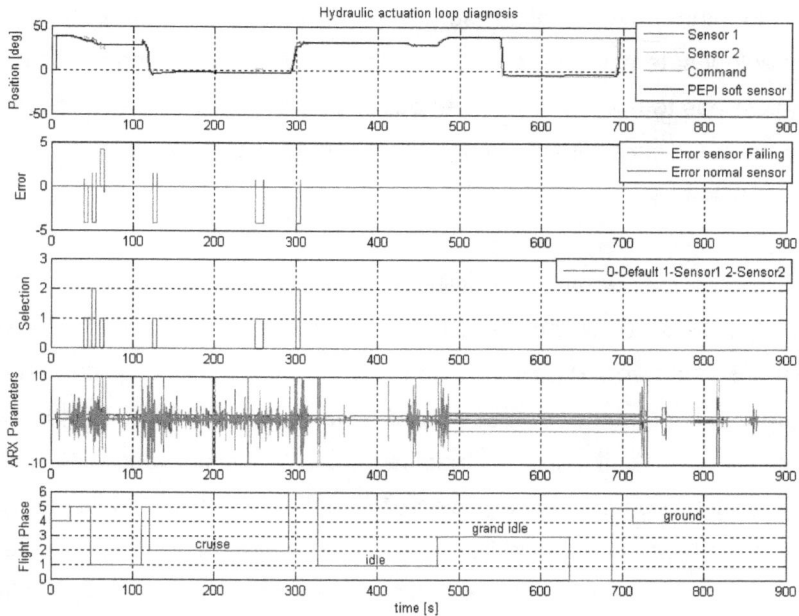

Figure 84 Diagnostic en-ligne de la boucle hydraulique avec les deux capteurs défaillants

Malgré ces résultats, la méthode montre parfois une incertitude dans la localisation de la voie défaillante lorsque la détection est réalisée. Cette incertitude cause une mauvaise localisation, et donc fournir une valeur sélectionnée erronée au calculateur.

La sortie de la méthode PEPI est basée sur un algorithme mathématique qui prend comme variables les entrées et sorties du système, pendant une période d'observation fini, pour réaliser l'estimation des paramètres du système et la postérieure prédiction de la sortie. Ces vecteurs d'entrées/sorties sont affectés par la défaillance elle-même si la défaillance injectée dans le système n'est pas un pur biais mais une dérive. Alors, les données fournies à

215

l'algorithme d'estimation sont des données imprécises pendant quelques temps d'observation. Comme résultat, la sortie prédite n'est pas tout à fait précise, et donc le critère de localisation devient dégradé, provoquant ainsi des mauvaises localisations des défaillances.

Prenons maintenant le courant de la servovalve comme entrée à la place de la commande. Ainsi, nous introduisons dans le modèle un autre élément défaillant, donc la servovalve. Ensuite, nous introduisons dans la méthode de diagnostic en-ligne le concept d'entropie décrit dans le Chapitre II. L'entropie de spécificité a été introduite comme mesure de spécificité que pour un seul dégrée d'appartenance, dans le but de quantifié l'adéquation d'un individu à un ensemble de classes. Nous proposons ici de quantifier l'adéquation d'un ensemble d'individus à un ensemble de référence. L'ensemble d'individus est l'ensemble de paramètres estimés du système. L'ensemble de référence sera les paramètres du système identifiés en régime nominal sans défaillance.

Appliquant la mesure de spécificité à l'ensemble de paramètres obtenus en temps réel (ARX paramètres) nous obtenons une mesure d'entropie des paramètres. Le plus grande soit l'entropie, moins d'information fournissent les paramètres estimés vis-à-vis des paramètres de référence. Conséquemment, sans une information correcte des paramètres, la sortie prédite avec ces paramètres serait dégradée ou imprécise. Alors, grâce a l'entropie des paramètres nous trouvons un critère pour valider la fiabilité d'une prédiction, et donc de valider enfin si une défaillance a été bien ou mal localisé.

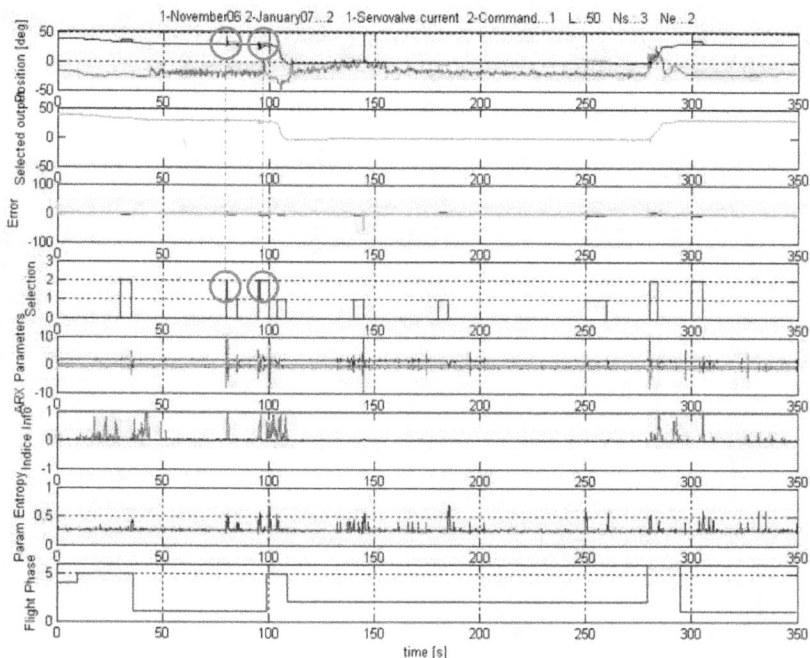

Figure 85 Diagnostic en ligne en base à la méthode PEPI sans indices d'entropie des paramètres

La figure ci-dessus illustre deux mauvaises localisations de défaillances sur un des capteurs (marques rouges). Dans la Figure 85 ne prend pas en compte la critère de l'entropie, quoiqu'il apparaît dans l figure. Introduisant le critère de l'entropie des paramètres nous obtenons les résultats de la Figure 86. La figure illustre comme les deux mauvaises localisations disparaissent, proportionnant ainsi la bonne valeur sélectionnée au calculateur. Les deux instants d'apparition des défaillances concordent avec un pic de la mesure d'entropie des paramètres. Graphiquement, on peut observer un désajuste des paramètres aux instants d'apparition et disparition des défaillances (ARX paramètres). La mesure d'entropie fournie une quantification de ce 'désordre', qui serait zéro dans le cas où les paramètres estimés soient égaux à ceux de référence.

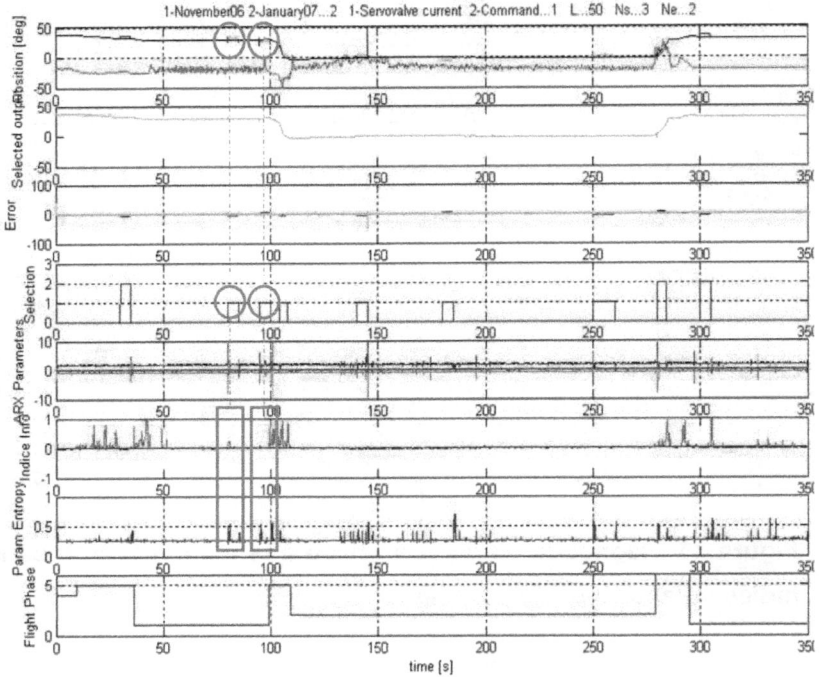

Figure 86 Diagnostic en ligne en base a la méthode PEPI avec indices d'entropie des paramètres

En observant la figure ci-dessus, il faut remarquer que bien que les paramètres soient estimés pendant une dynamique sans défaillance, la mesure d'entropie n'est jamais nulle. Le niveau constant d'entropie ($\approx$ 0.3) correspond au bruit propre de l'estimateur des paramètres.

En base aux expériences réalisées et à la connaissance du système, le seuil du critère d'entropie peut être fixé. Ensuite, la méthodologie consiste à utiliser pour la prédiction de la sortie un ensemble de paramètres de repli, ou sureté, dès que l'entropie des paramètres estimés dépasse le seuil fixé. Ainsi, la bonne prédiction est garantie pendant la phase de transition d'apparition de la défaillance au lieu de faire confiance à la prédiction probablement réalisée avec des donnés entrée/sortie déjà défaillantes.

Les défaillances de type biais ou dérive rapide sur les capteurs LVDT (voir section 4.4) peuvent être bien surveillées grâce à la méthode PEPI et le critère d'entropie. Pourtant, les dégradations sous forme de dérive lente, comme l'usure interne du vérin, qui cause des fuites internes, ou la dégradation de la servovalve seront difficilement observables utilisant ces méthodes. Pour la surveillance de ces types de défaillances, ou surveillance de la dégradation, nous proposons d'appliquer les méthodes de pronostic hors-ligne décrits dans le Chapitre III. La combinaison des méthodes en-ligne et hors-ligne couvrira le diagnostic et le pronostic du système, qui est le but final de ces travaux.

4.6.2. Résultats du pronostic de défaillances

4.6.2.1. Résultats du pronostic appliquant l'image linéaire paramétrique discrète : EPI

Les méthodes de pronostic utilisent les donnés enregistrées pendant le diagnostic, proportionnant ainsi l'historique nécessaire pour l'application des algorithmes. Dans cette section, nous utilisons la méthode des images linéaires paramétriques (PLI) sur le vieillissement des capteurs. La méthode utilisée est l'algorithme d'estimation de paramètres discrètes EPI (voir Chapitre II).

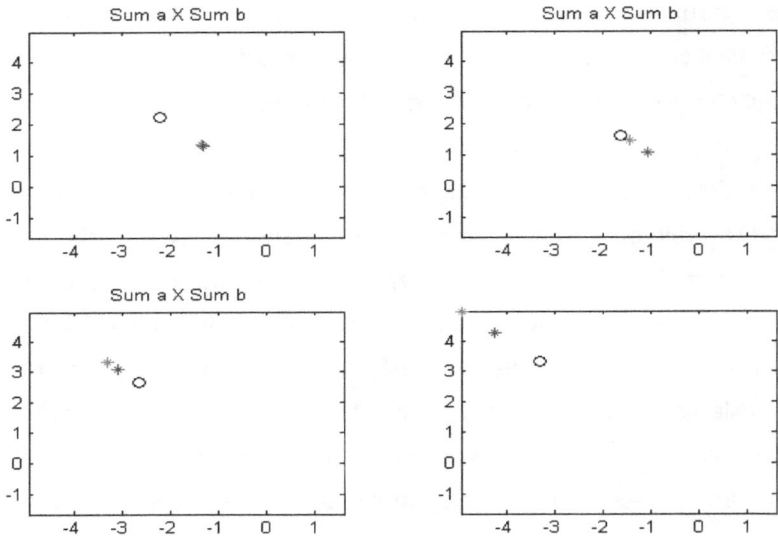

Figure 87 Espace paramétrique pour les différents cas de défaillances sur les deux capteurs LVDT

La figure ci-dessus montre la valeur sélectionnée (point noir) et les deux capteurs (étoiles rouge et noire) dans phase de dégradation. La Figure 88 illustre les points paramétriques PLI de la Figure 87, montrant une tendance des PLI correspondants aux capteurs aussi bien que pour la valeur sélectionnée. Quoique les deux capteurs et la valeur sélectionnée n'évoluent pas de la même façon, la tendance de la figure nous indique une dégradation.

La Figure 89 illustre deux graphiques : une pour les paramètres de gain et l'autre pur le paramètres dynamiques. Les points paramétriques, PLI, correspondent à 4 cycles type de périodes consécutives des tests en banc d'essais. Les PLI's évoluent au cours du temps montrant ainsi une tendance dans l'image du système qui est associée à la dégradation.

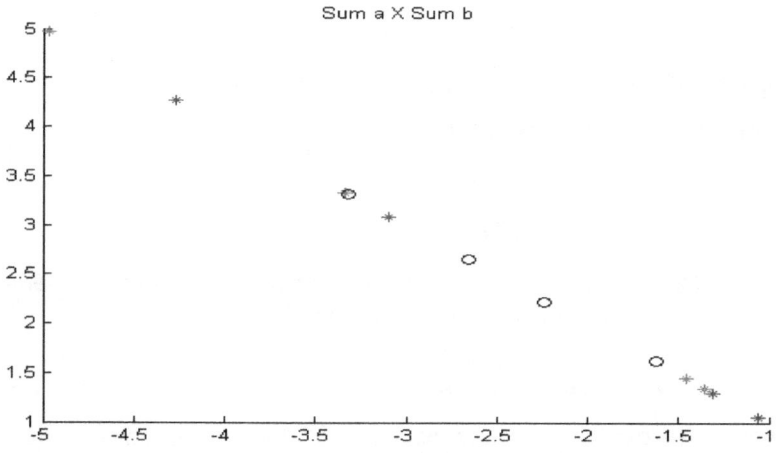

Figure 88 Evolution de la dégradation au cours des cycles type en banc d'essais

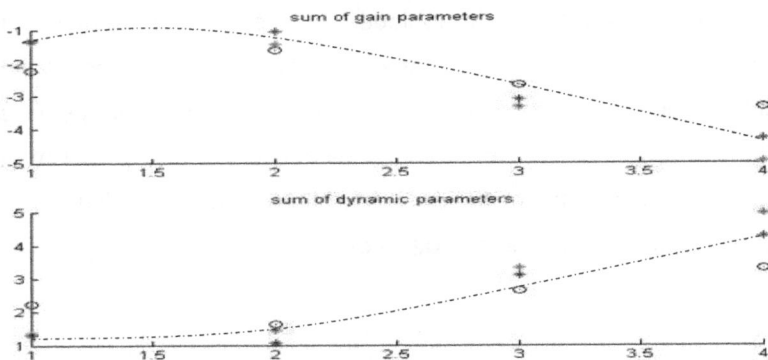

Figure 89 Espace paramétrique pour la surveillance et pronostic de la dégradation

4.6.2.2. Résultats du pronostic appliquant l'image linéaire paramétrique continue : RPM

La méthode d'estimation de paramètres continus RPM (voir Chapitre II) est ici appliquée pour l'identification des sous-modèles associés à différentes étapes de dégradation. Comme introduit dans le Chapitre III consacré aux méthodes de pronostic, l'hypothèse de modèle variant dans le temps peut se traduire comme un changement de la dynamique du système à cause de la dégradation lorsque aucune défaillance de type 'hard failure' aurait été détectée sur le système. Alors, la dégradation serait la seule cause du changement de la dynamique face à l'absence de défaillances.

Cette méthode d'identification de systèmes auparavant utilisée dans l'identification du modèle hybride, est utilisée dans le cadre du pronostic dans le but de surveiller la dégradation en utilisant l'ensemble des paramètres continus identifiés comme indicateurs de vieillissement. La méthodologie proposée dans le Chapitre III basée sur les images linéaires paramétriques (PLI) sur les BTS (Bench Tests Sequence), sera appliquée dans cette section à la dégradation de l'usure interne et la dégradation de la servovalve

Usure interne du corps du vérin

L'analyse des réponses pour différents niveau de fuites internes sont caractérisées avec :

- Temps de stabilisation, qui est le temps lorsque la réponse du système est arrivée au 95% de la valeur finale attendue
- Nombre d'oscillations de la réponse
- Le overshoot, ou pic, qui est la valeur maximum atteinte de la réponse

Les résultats de pour le vérin VSV qui caractérisent les différents modèles obtenus en variant le niveau des fuites internes sont résumés dans le tableau suivant :

Paramètres	Sans fuites		2*$K_{leakage}$		10*$K_{leakage}$	
	Pos. Step	*Neg. Step*	*Pos. Step*	*Neg. Step*	*Pos. Step*	*Neg. Step*
Temps stab.	1.25	0.8	1	0.6	0.5	1.2
Oscillations	3	2	3	1	1	0
Overshoot	0.495	0.0255	0.45	0.012	0.35	0.0
Overshoot%	≥100%	7.28%	≥100%	3.42%	96.15%	0.0%

Tableau 15 Paramètres observables du modèle VSV

Ces résultats valident l'hypothèse de changement de la dynamique du système (modèle variant dans le temps) face à l'usure et la dégradation comme défaillances lentes.

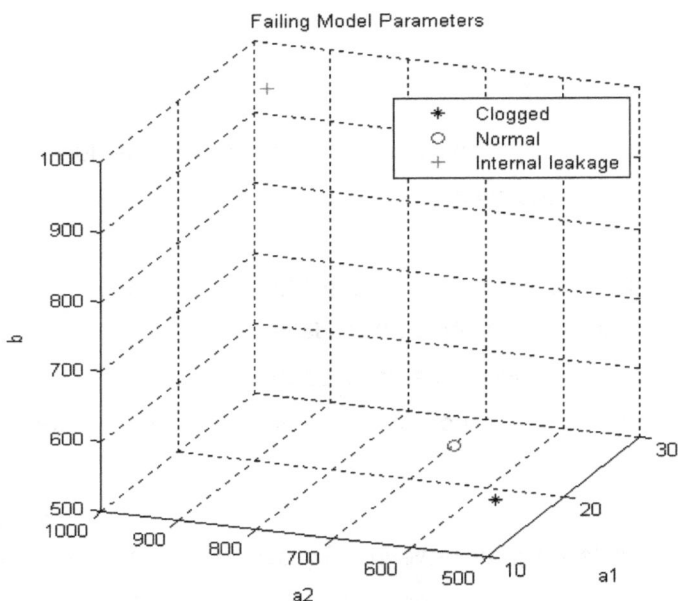

Figure 90 Partition d'espace de paramètres du modèle continu pour l'usure interne et l'effet du clogging

La Figure 90, en 3-dimension, et la Figure 91 montrent l'image paramétrique linéaire pour le système en fonctionnement normal, le système présentant fuites internes et le système présentant le phénomène du clogging (voir section 4.4). Si nous prenons l'hypothèse que les fuites internes apparaissent sous forme de tendance, la surveillance de la trajectoire entre l'état normal et l'état de fuites nous fournie un critère pour le pronostic de la dégradation du corps du vérin.

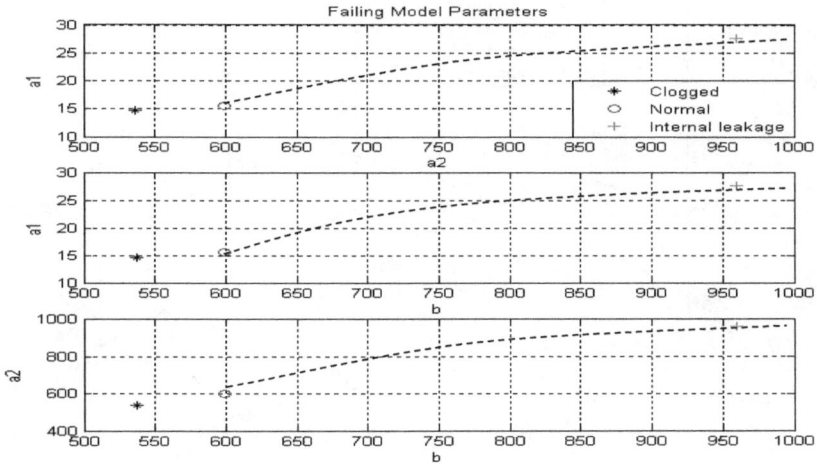

Figure 91 Evolution des paramètres du modèle continu pour l'usure interne et l'effet du clogging

Dégradation sur la servovalve

Pareillement à l'analyse de la dégradation des capteurs de la section 4.6.2.1, nous prenons 4 cycles type correspondant chacun à une période consécutive des tests en banc d'essais. Ensuite, nous appliquons la méthode des images linéaires paramétriques combinée avec l'algorithme d'identification de paramètres continus RPM. Comme résultat, nous obtenons un PLI pour chaque période, représentés dans la figure suivante :

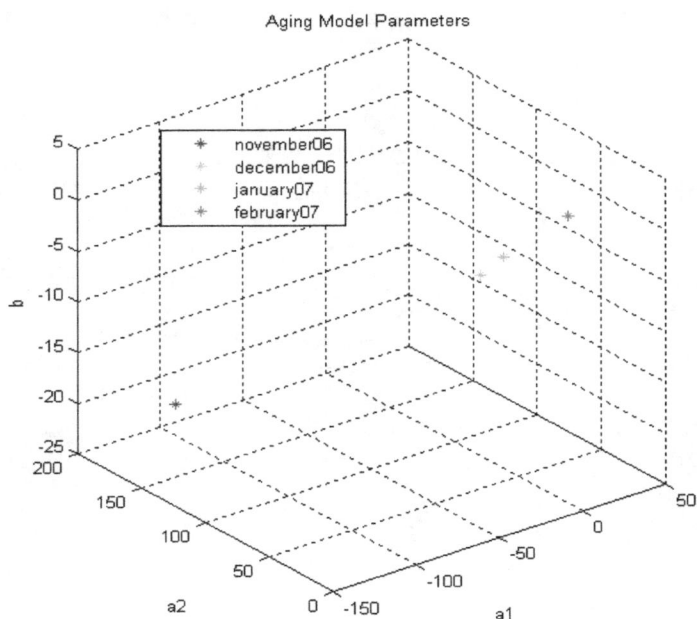

Figure 92 Partition d'espace de paramètres du modèle continu pour la dégradation de la servovalve

L'entrée du modèle estimé est le courant de la servovalve, et la sortie est la position de l'actionneur. La Figure 93 montre les tendances pour chaque couple de paramètres entre le début des tests jusqu'à la fin des tests.

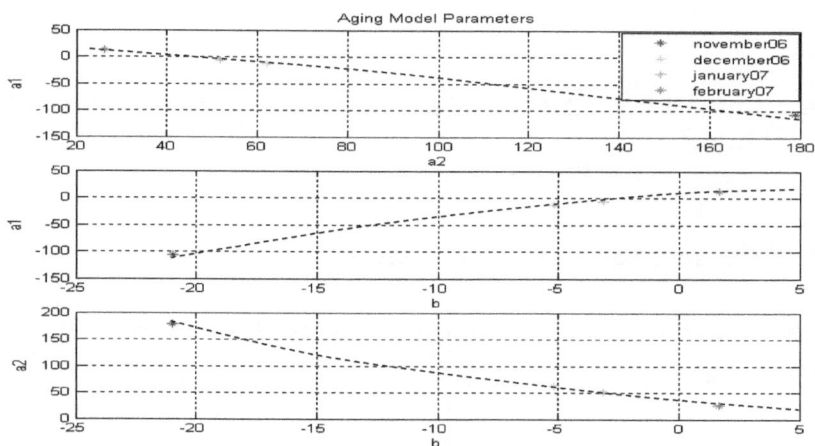

Figure 93 Evolution des paramètres du modèle continu pour la dégradation de la servovalve

Dans ce cas, nous partons de l'hypothèse que les capteurs ne sont pas défaillants.

5. CHAPITRE V : DIAGNOSTIC ET PRONOSTIC DU CIRCUIT D'HUILE

5.1. Description du réservoir d'huile

Le niveau du réservoir d'huile est produit de plusieurs contributions Figure 94 :

- Le volume APPL est le niveau minimum requis pour éviter une aspiration excessive d'air dans le circuit d'huile à chaque altitude
- Le volume d'huile consommable détermine l'autonomie du moteur vis-à vis du système de lubrification
- Expansion thermique est la partie de volume qui prend en compte les variations du niveau d'huile dues aux effets des charges thermiques du moteur
- Le volume d'aération, lequel reste toujours inutilisable, garantit que le niveau d'huile restera toujours en dessous de l'entrée d'air à n'importe quelle altitude

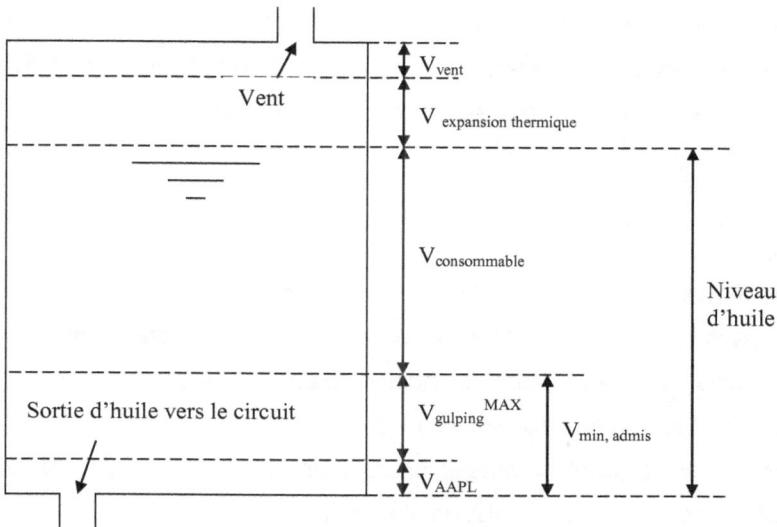

Figure 94 : Distribution de volumes dans le réservoir d'huile

Le *'gulping'* est un autre phénomène qui affecte le niveau d'huile dans le réservoir. A cause de son importance et sa variabilité, le gulping mérite une attention spéciale dans notre étude. Le gulping est défini comme la quantité d'huile coincé dans les boites de vitesses, les roulements et les engrainages pour sa lubrification. Autrement dit, le volume du gulping est un volume d'huile consommable mais qui ne se trouve pas dans le réservoir. Conséquemment, il faut le prendre en compte pour les estimations d'autonomie de vol quoiqu'il ne puisse être surveillé pour une simple mesure du niveau du réservoir. Le gulping est dépendant de la vitesse de rotation de la turbine, donc plus grande est la vitesse plus d'huile est pompé dans le circuit de lubrification. En plus, la viscosité de l'huile a une influence sur la vitesse avec laquelle l'huile rentre dans le réservoir, et donc sur le temps que le volume de gulping reste dans les enceintes. La viscosité de l'huile est dépendante de sa température, T, dans les enceintes du circuit de lubrification. Or, le gulping est indirectement proportionnel à la température de l'huile. Finalement, nous pouvons écrire la formule suivante :

$$\text{Gulping} = f(N_2, \nu(T)) = f(N_2, T) \tag{107}$$

La fonction f est croissante en N_2 et décroissante en T. La figure ci-dessous montre de façon schématique les relations entre les différents variables du circuit d'huile et les phénomènes présentés. Il faut remarquer que toutes ces variables sont mesurables qu'en banc d'essais, dont la vitesse de rotation N_2 et la température du réservoir sont les seules disponibles en vol.

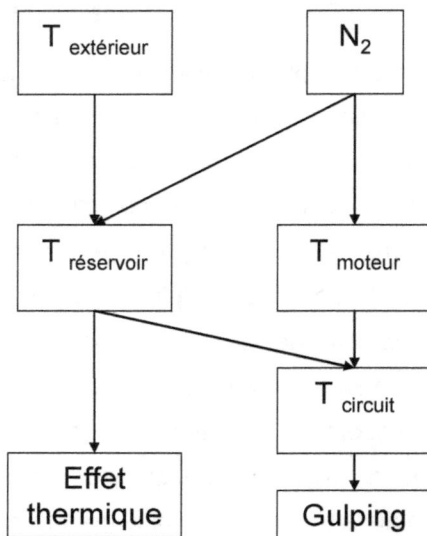

Figure 95 Relation entre les variables de température

5.2. La surveillance du circuit d'huile

La maintenance, telle qu'elle est réalisée aujourd'hui, consiste à vérifier périodiquement le niveau d'huile dans le réservoir de façon manuelle quand l'avion est au sol. Le réservoir est alors rempli jusqu'au niveau standard. Le nombre de canettes d'huile nécessaires pour le remplissage est le seul indicatif disponible pour l'estimation de la consommation, et donc pour une éventuelle surveillance du vieillissement du circuit de lubrification. Pour ce qui concerne le diagnostic, une alarme alerte le cockpit lorsqu'un niveau minimum d'huile est atteint dans le réservoir. Pourtant, cette alarme de niveau est habituellement déclenchée quand le niveau est déjà critique, même si l'avion se trouve en vol.

Les objectifs de la surveillance du système de lubrification sont définis dans le dessein général pour l'amélioration de la maintenance en aviation civile décrit dans le premier chapitre. Le but est d'abord de garantir le diagnostic du système en ligne pour ensuite réaliser le pronostic du temps de vie restante du système en mode opérationnel normal ou acceptable. Le vieillissement dans le circuit de lubrification est détectable suite à une consommation d'huile anormale. Alors, la surveillance en ligne du circuit de lubrification ne diagnostiquera pas que les défaillances sous forme de fuite, mais aussi elle pourra estimer l'autonomie du système.

Dans ce but, deux stratégies sont envisagées :

- Au sol, la consommation est estimée au moyen d'enregistrements réalisés en vol. Cette consommation est alors comparée contre la consommation de référence d'un système de lubrification performant. La différence entre ces deux consommations peut contribuer au diagnostic d'une fuite anormale pendant le vol. En plus, même si la différence entre les deux consommations n'est pas trop grande, l'historique des consommations du moteur pourrait être utilisé comme indicatif de la dégradation de l'équipement en cas de présenter une tendance. Dans ce cas, la nouvelle consommation substitue l'ancienne dans les calculs d'estimation d'autonomie en ligne et le vieillissement de l'équipement continue à être surveillé.

- En vol, la consommation estimée de l'équipement est utilisé en conjonction avec les données surveillées du circuit d'huile, dont le niveau du réservoir, pour essayer de détecter les fuites en ligne. En cas de détection, l'autonomie du moteur par rapport au système de lubrification pourrait être recalculée et le plan de vol éventuellement modifié, si nécessaire.

L'autonomie du moteur n'est pas en rapport qu'avec la consommation. Les effets décrits auparavant, comme le gulping et l'expansion thermique, ont aussi une influence importante sur la bonne surveillance du niveau d'huile, surtout en ligne où le système est soumis à de continues variations de ces variables hydrauliques. Le schéma de la figure à continuation propose le calcul de l'autonomie du système de lubrification comme une évaluation de plusieurs effets, dont le vieillissement, qui ont un impact sur le niveau d'huile.

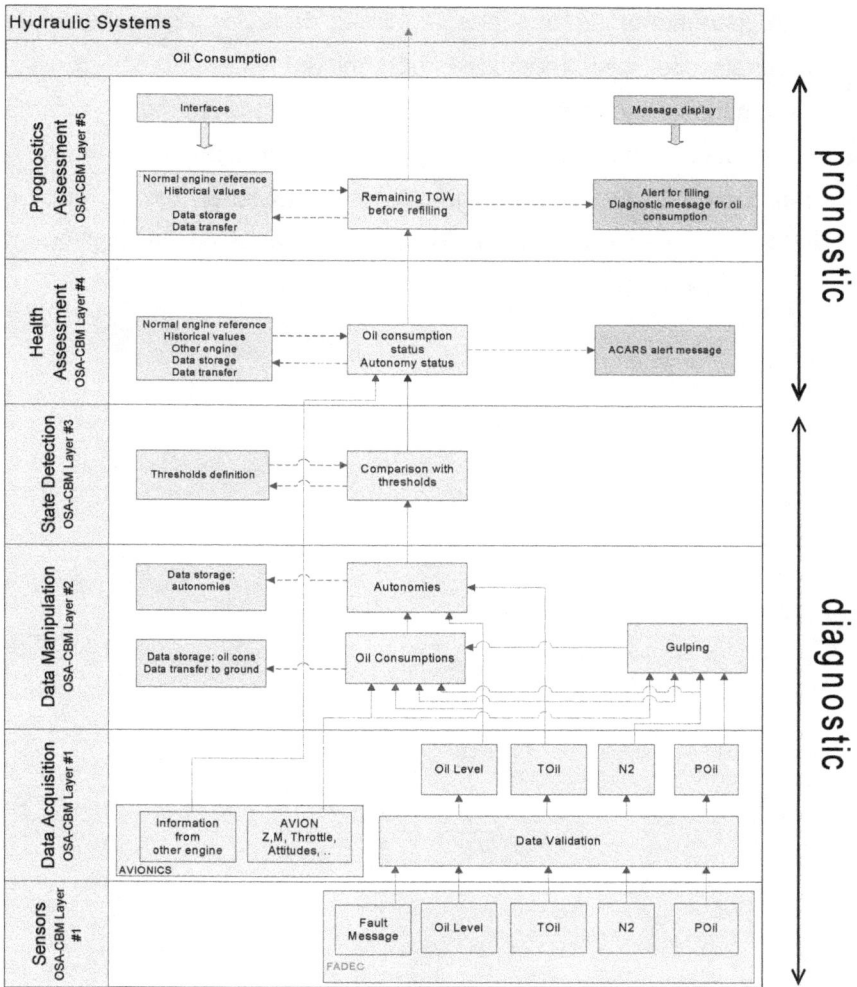

Figure 96 Structure générale proposée pour la surveillance du système de lubrification

La précision sur l'estimation du niveau d'huile définira le taux de succès des méthodes de diagnostic et de pronostic proposées. Le choix des méthodes doit déterminer l'échantillonnage des enregistrements de données à utiliser dans les approches. Les résultats de ces méthodes déterminent si la précision sur l'estimation du niveau d'huile peut être atteinte hors ligne, comme les débuts et fin de vol, ainsi qu'en régime permanent ou bien si une méthode peut fournir un diagnostic et pronostic en temps réel. Le tableau ci-dessous décrit le plusieurs niveaux de réalisation en fonction de la précision

Dégrée de connaissance du système	Enregistrement de données	Détection au sol	Détection en vol
Niveau 0: Sans estimation du gulping	Enregistrement de données au début et fin du vol Référence Détection appoint	• Anomalies détectées à la fin du vol • Imprécision du calcul du gulping du à l'inertie du moteur • Autonomie du système exprimée en nombre de vols	Non possible
Niveau 1: Gulping moyen connu en fonction de la température d'huile à N2=0	Référence Détection appoint	• La connaissance du gulping à la fin du vol améliore la précision, donc le calcul d'autonomie	Non possible
Niveau 2: Gulping exprimé en fonction de	Enregistrements au début et fin de chaque phase de vol	• Les défaillances en vol sont détectables	Non prioritaire

Dégrée de connaissance du système	Enregistrement de données	Détection au sol	Détection en vol
T_{huile} à vitesse N2=constante mais ≠ 0		• L'autonomie est connue en termes de vol standard	
Niveau 3: Gulping exprimé en fonction de T_{huile} à vitesse N2=constante mais ≠ 0	Plusieurs mesures par phase de vol	Analyse et vérification des résultats en vol	Détection de défaillances en vol pendant les régimes permanents
Niveau 4: Gulping est exprimé en fonction de T_{huile} et la vitesse de rotation N2	En ligne	Analyse et vérification des résultats en vol	• Calcul du gulping en temps réel, donc la consommation • Défaillances détectées pendant les régimes permanents t transitoires

Tableau 16 Méthodes pour le diagnostic et le pronostic d'un un circuit de lubifrication

5.3. Analyse de défaillances

Les circuits de lubrification sont conçus pour une durée de vie opérationnelle de 50000 heures de vol, donc pour éviter les opérations de maintenance tout au long de sa vie. Le système complet est vérifié dans chaque inspection périodique (TBO), ainsi que le niveau d'huile du réservoir, notamment lorsque le signal d'alarme 'niveau bas' est déclenchée.

Les principales défaillances identifiées dans un circuit de lubrification peuvent se grouper en deux typologies : ceux qui sont associées à l'usure des roulements et boites de vitesse et ceux qui sont liées à une consommation anormale d'huile. Dans le premier cas, les débris provenant du dégât des parties métalliques lubrifiées s'infiltrent dans le circuit d'huile. Ensuite, ces résidus métalliques causent le colmatage des composants hydrauliques dans le circuit. Les défaillances associées à ce phénomène sont d'habitude détectées dans les inspections de maintenance périodiques, car les capteurs destinés à ce but n'offrent pas une grande fiabilité. Les défaillances identifiées dans le circuit de lubrification sont résumées dans le Tableau 17 (TechspaceAero, 2005).

Evénement	Elément de détection	Signal fournie
Débris dans les boites de vitesses/roulements	MCD/EMCD	MCD→inspection de maintenance EMCD→ en ligne

Evénement	Elément de détection	Signal fournie
Colmatage des filtres	Switch du filtre de différence de pressions	FADEC en ligne ou inspection de maintenance
Fuites	Différence de pressions au récupérateur	Non disponible
Consommation anormale	Niveau bas d'huile	FADEC
Colmatage de l'équipement à l'aval de la pompe	Pression de sortie de la pompe	

Tableau 17 Défaillances identifiées sur le circuit de lubrification

L'axe de la pompe d'huile est solidaire mécaniquement avec celui de la turbine. Or, il existe une linéarité entre ses deux vitesses de rotation. De ce fait, la pompe d'huile se trouve très rarement défaillante puisque elle travail autour d'un point de performance surdimensionné, et non-optimale, qui la rend très robuste face aux éventuelles défaillances.

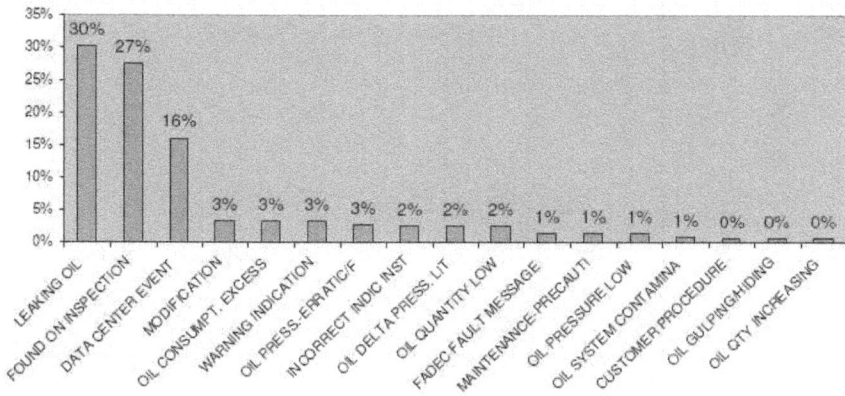

Figure 97 Défaillances dans le système de lubrification (TechspaceAero, 2005)

D'après ces données statistiques (TechspaceAero, 2005) :

- Le 30% est du aux fuites ou consommations anormaux
- Les autres symptômes sont directement liés à un problème de fuite d'huile

Le vieillissement du moteur se traduit par une augmentation de la consommation d'huile. C'est important de distinguer entre une consommation anormale due à une fuite, et celle due au vieillissement. La figure ci-dessous illustre la différence dans l'apparition d'un accroissement de la consommation moyenne dans les deux cas.

OCR

Consommation anormale

Vieillissement

Time

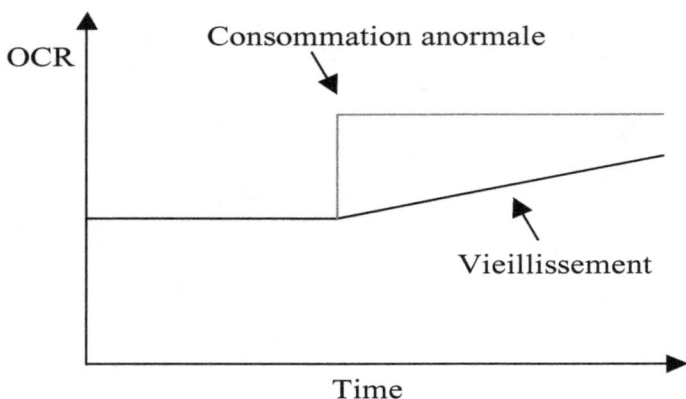

Figure 98 Défaillances sur la consommation d'huile

Les fuites anormales d'huile sont détectées au moyen du diagnostic. Dans la section suivante nous allons proposer une méthodologie à base de modèles dans le but de surveiller en-ligne le niveau d'huile. Un modèle du niveau d'huile est développé en fonction de la température et de la vitesse de rotation, comme résumé dans l'expression (107). Ces deux variables sont considérés par les experts comme une bonne approximation de l'expression du niveau d'huile, responsables de l'effet thermique et de l'effet du *gulping*, respectivement.

Les données obtenues en banc d'essais seront utilisées dans l'estimation de la consommation nominale du circuit d'huile. Cette consommation augmente en forme de tendance sous l'hypothèse du vieillissement. Les méthodes de pronostic décrites dans le Chapitre III seront appliquées dans les données historiques en banc d'essais avec l'objectif de détecter un changement biaisé de la consommation d'huile. Ces deux approches, combinant le diagnostic et le pronostic de la consommation d'huile nous rapprochent du niveau 3 de réalisation illustré dans le Tableau 16.

5.4. Modélisation du système d'huile

5.4.1. Description des données en banc d'essais

Les données en banc d'essais proviennent de deux types de sources : les enregistrements manuels concernant les données notées par les experts pendant les opérations de maintenance programmées, et les données enregistrées dans les tests en banc d'essais. Les cycles enregistrés en banc d'essais suivent la forme d'un cycle type aéronautique comme ceux décrits dans le Chapitre IV consacré à l'étude du circuit de carburant (Figure 100). En plus, des autres types de cycles sont testés en banc d'essais dans el but de tester la performance du système face à des entrées plus dures que ceux du régime nominal. La Figure 99 est un exemple de ce type de test. Comparativement à la Figure 100 nous pouvons observer des vitesses de rotation et des températures d'huile plus élevées, ainsi comme de variations du niveau d'huile plus souples.

D'autres variables sont enregistrées pendant les essais concernant les pressions dans le circuit et les températures dans les boites d'engrainages. Pourtant, ces variables n'ont pas été inclues dans l'analyse car elles ne sont surveillées en vol. En plus, dans les sections précédentes consacrées à l'analyse du système nous avons conclu qu'une bonne approche de la modélisation du niveau d'huile serait atteinte en exprimant le niveau d'huile en fonction de la vitesse de rotation et la température du réservoir, variables qui prennent déjà en compte les deux effets sur le niveau d'huile plus importants.

La *température* présente un effet d'inertie thermique de premier ordre propre des systèmes thermiques. C'est-à-dire, la température arrive à se stabiliser face à un changement de la dynamique du système qu'après un temps de transitoire dépendant de la constant τ du système. Conséquemment, l'effet thermique de la dilatation/contraction de l'huile dans le réservoir sera affecté aussi par cette inertie thermique.

Pareillement, l'effet du *gulping* présente un retard face aux transitoires à cause du phénomène d'évaporation/condensation de l'huile dans les boites d'engrainages. Face à une augmentation de la vitesse de rotation, l'effet du gulping augmente car plus d'huile est requis dans les éléments à lubrifier. L'huile s'évapore au contacte avec les parties mobiles à haute vitesse. Lorsque la vitesse de rotation diminue, l'huile condense pour rentrer dans le circuit.

Compte tenue de la dynamique de ces deux effets, nous optons pour une surveillance du système consacrée aux régimes permanents, en vue de la manque d'information à priori sur la modélisation de la dynamique transitoire de ces phénomènes. D'un autre coté, cette possible manque de précision sur les transitoires est compensé par le fait que les défaillances sur le circuit d'huile apparaissent, dans la plupart des cas, sous frome de tendance, devenant ainsi une bonne approche la surveillance des régimes permanents.

N$_2$(rpm)

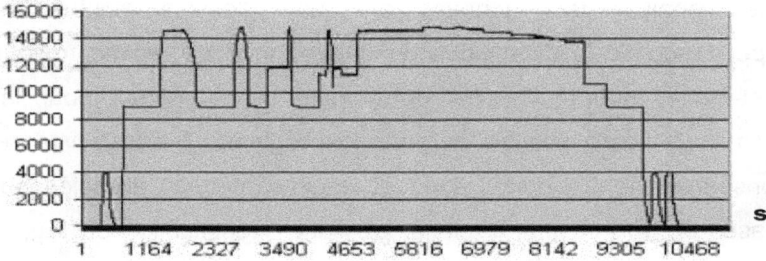

T(°C)

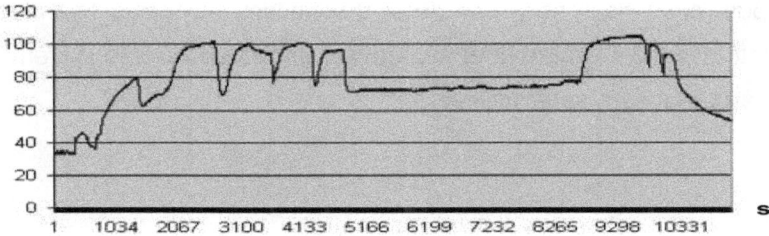

% niveau d'huile

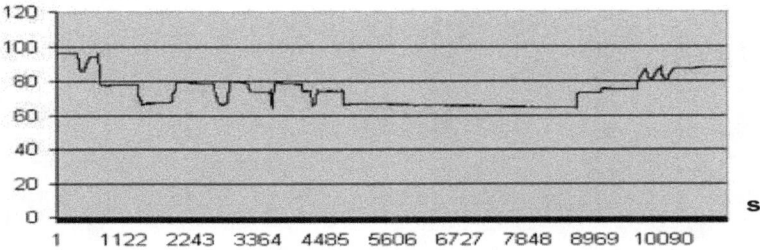

Figure 99. Données enregistrées en banc d'essais pour une performance du type rodage

Pour l'identification des régimes permanents nous allons nous appuyer sur l'automate (système à événements discrètes) qui nous a aussi servi pour l'identification de la phase de vol dans le Chapitre

IV consacré au diagnostic et pronostic du circuit de carburant. En plus, l'analyse des données en banc d'essais montre une dépendance de la dynamique du gulping face au régime moteur, c'est-à-dire, que le modèle du gulping sera différent pour les régimes à haute vitesse et pour les régimes à basse vitesse. Conséquemment, l'identification du régime moteur, associés aux phases de vol, devient capitale. Utilisant l'identification du régime nous pourrions modéliser le niveau d'huile au moyen d'un ensemble de sous-systèmes linéaires chacun dans son point d'opération. A ce propos, nous nous servirons de la théorie des systèmes hybrides décrite dans le Chapitre III et auparavant appliquée dans le système de carburant sera aussi utilisée.

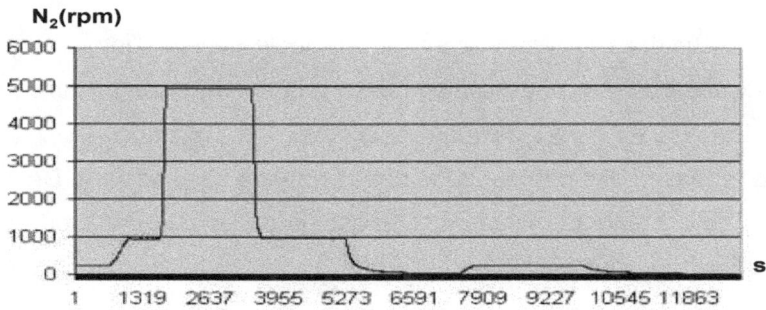

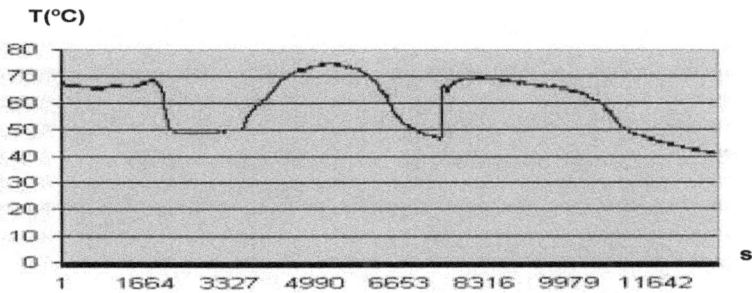

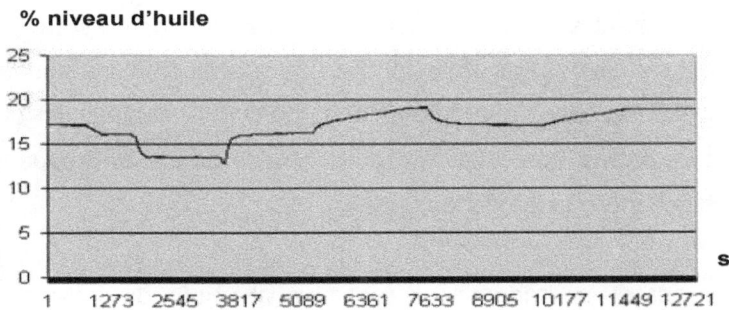

Figure 100. Données enregistrées suivant un cycle type aéronautique

5.4.2. Equipments de surveillance

Le capteur dans le réservoir est la principale source d'information disponible en ligne pour le diagnostic et la surveillance du niveau d'huile. Alors, nous croyons approprié de procéder à une caractérisation des propriétés de cette partie de l'équipement. Deux types de capteurs de niveau d'huile différents peuvent être trouvés sur un moteur d'aviation civile :

- Les capteurs montés sur les moteurs du type Cb sont des capteurs de capacitance. Le fonctionnement du capteur consiste en deux électrodes cylindriques et concentriques. La capacitance générée par la position relative entre les deux cylindres est corrélée avec le niveau d'huile. La fréquence d'échantillonnage est de 1Hz.
- Les moteurs Sb utilisent des capteurs du type 'switch' consistant en une tige équipée de plusieurs capteurs qui sont activés ou désactivés en fonction de la position d'une bouée à la surface de l'huile. Le signal fourni par ce capteur est bien plus pauvre que celle du capteur à capacitance. La fréquence d'échantillonnage est de 5hz.

Les causes du bruit identifiées sont : les vibrations du moteur, les champs électromagnétiques et la calibration du capteur pour convertir la mesure de niveau en volume, car la section du réservoir n'est pas uniforme. Les données du capteur en banc d'essais ont été utilisées pour caractériser le bruit de mesure. Dans ce but, les données correspondantes à la phase de vol en croisière ont été jugées plus appropriées du à sa plus longue durée en test.

Finalement, le bruit a pu être assimilé comme un bruit blanc de déviation standard 0.057% du niveau maximum du réservoir (Figure 101), correspondant à 0.01 litres.

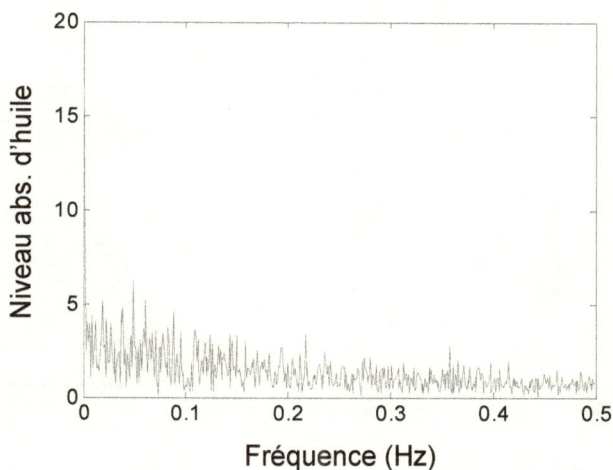

Figure 101 : Transformée de Fourier de la consommation d'huile en croisière

Le niveau de précision du capteur sera un indicateur à prendre en compte dans la modélisation du système de diagnostic qui va en déterminer la sensibilité de la méthode.

5.4.3. Caractérisation de la consommation

La caractérisation de la consommation est réalisée au moyen des registres des consommations obtenus de plusieurs types de moteurs et sur différents essais. La plupart des moteurs ont réalisé de cycles nominaux, comme celui de la Figure 100. La Figure 102 illustre de façon compacte les résultats des consommations observées pour 966 moteurs.

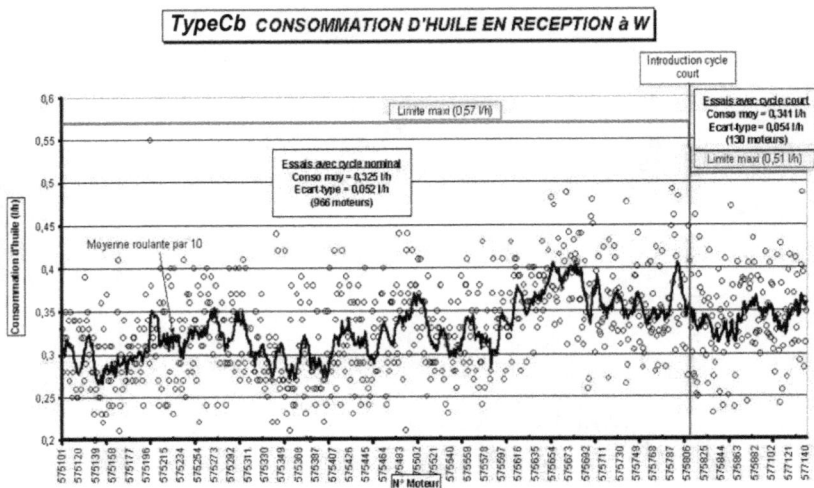

Figure 102 Registres de consommation sur plusieurs essais

La consommation est statistiquement représentée par une gaussienne de moyen 0.325 l/h et un écart type de 0.052 l/h. Pourtant ces moteurs ont été soumis à de variations de vitesse. Pour confirmer cette donnée, un essai a été réalisé pendant une période significative (15 minutes) en régime stationnaire pour obtenir une tendance.

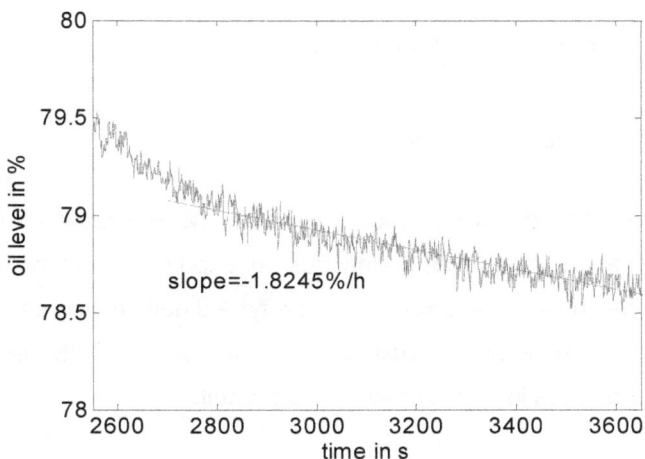

Figure 103 : Consommation d'huile en croisière: réelle (bleu) et approche linéaire (rouge)

La consommation observée est de 0.401 l/h, confirmant ainsi la consommation obtenu antérieurement des données historiques. En vue de la proximité entre la consommation en régime stationnaire et de la consommation des essais en présence de variations de régime, nous pouvons dorénavant travailler sur l'hypothèse d'une consommation constante pour touts les régimes, quoique d'après les experts la consommation dans des régimes à haute vitesse devrait être légèrement plus élevée.

5.4.4. Effets sur le niveau d'huile

5.4.4.1. Effet de la température

L'effet thermique de la dilatation peut être modelé facilement au moyen de l'expression (108) ci-dessous qui exprime la relation entre la densité de l'huile et la température. Le type d'huile utilisé dans les moteurs aéronautiques est habituellement du *Type II*. Cette relation est connue d'après les spécifications du produit.

$$\rho(T[^\circ C]) = 0.58 \cdot (T[^\circ C] + 50) + 1038 \left[\frac{Kg}{m^3} \right] \tag{108}$$

Basés sur l'hypothèse de masse constante, la relation entre la densité à la température initiale et la densité à la température de test $T(^\circ C)$ est la même que entre la volume initial et le volume à la température $T(^\circ C)$ à cause de la dilatation/contraction :

$$\rho(T(t)) \cdot V(t) = \rho_0 \cdot V_0 \tag{109}$$

Obtenant ainsi une relation linéaire, et en prenant en compte que la température est fonction du temps. Cependant, le principal problème est la variabilité de la température tout au long du circuit de lubrification, plus la pauvre précision fournie par les capteurs de température ($\pm 1^\circ C$). Alors, une approximation raisonnable serait d'inclure les effets de la dilatation dans les tuyères et dans d'autres parties du circuit d'huile comme partie de l'effet du gulping, car l'effet est petit.

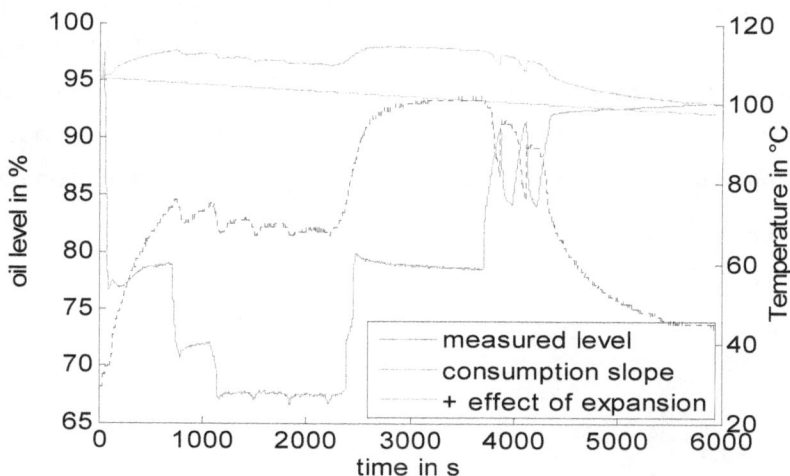

Figure 104 Modèle de consommation en banc d'essais

La figure ci-dessus montre : le niveau mesuré (bleu), la température du réservoir (noir) la consommation estimée (rose) et l'addition de l'effet de la dilatation (rouge) correspondants à un résultat d'essai en banc

La Figure 104 ci-dessus illustre l'estimation du niveau d'huile dans le réservoir à l'instant final du test. Cette approche correspondrait à un niveau de réalisation 2, d'après le Tableau 16 d'objectifs. Autrement dit, estimer le niveau d'huile à la fin d'un vol pour éliminer l'effet du gulping et l'effet thermique, prenant en compte que la consommation a été environ la consommation nominale. La ligne rose représente la consommation constante et linéaire comme estimée précédemment dans la section 5.4.3. A ce niveau théorique, nous y ajoutons l'effet thermique modelé en fonction de la température comme décrit auparavant (ligne rouge). Lorsque l'essai est terminé et l'effet du gulping n'affecte plus le niveau d'huile, car tout l'huile est rentré dans le réservoir après un temps raisonnable, l'effet de la dilatation (rouge), la consommation (rose) et le niveau réel mesuré (bleu) devrait converger vers la même valeur de niveau. Evidemment, la Figure 105 montre plus en détail la confirmation de cette convergence.

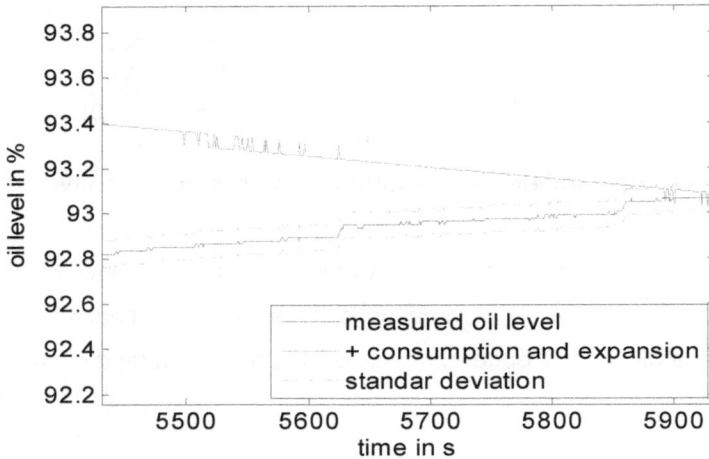

Figure 105 : Vérification du modèle thermique d'huile

En conclusion, nous avons pu constater que la modélisation de l'effet thermique est bien approximée, aussi bien que la consommation moyenne nominale est bien estimée. Dans la section suivante, nous allons modéliser l'effet du gulping afin de compléter un modèle du réservoir d'huile qui puisse permettre la surveillance du niveau d'huile face aux fuites.

5.4.4.2. Effet du gulping

La masse d'huile coincée dans le circuit de lubrification est soumise à deux effets :

- La vitesse de rotation N_2 affecte le niveau d'huile avec une dynamique rapide
- La température de l'huile, qui influence sa viscosité et donc le gulping, montre une dynamique beaucoup plus lente à cause de l'inertie thermique de tout le système de lubrification

$$M_{gulping} = f(N2, T_{oil(N2,T_{out}...)})$$ (110)

En plus, la vitesse de rotation affecte doublement le modèle du gulping car, comme signalé précédemment, la réponse dynamique du modèle de gulping a été constatée différente en fonction du régime du moteur (régime basse vitesse, régime haute vitesse). Donc, nous nous trouvons face à une dynamique non-linéaire en fonction de la variable N_2.

D'abord, nous allons proposer une approche de modèle le plus simpliste, qui ne prend pas compte de l'effet de la température sur la viscosité ni les autres propriétés du fluide et proposant un seul modèle pour tout le rang de vitesses de rotation. La figure suivante montre que l'hypothèse de prendre en compte la vitesse de rotation comme unique variable du gulping est assez raisonnable en vue de la forte corrélation existante entre elles :

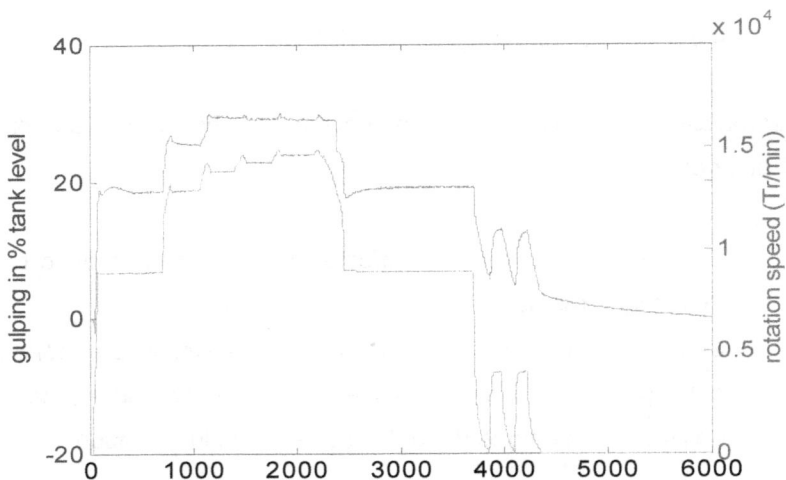

Figure 106 Volume de gulping vs vitesse de rotation N$_2$

Dans la Figure 106, le volume de gulping a été calculé en faisant la différence entre le niveau réel d'huile et le niveau théorique, fonction du niveau initial, la consommation et l'effet thermique dans le réservoir.

Assumons un modèle SISO (single input single output) de deuxième ordre qui utilise comme entrée la vitesse de rotation et fournie comme sortie le volume de gulping. Appliquant une méthode d'estimation de paramètres discrets, intégrée dans Matlab (fmincon), nous obtenons une première approximation de la fonction de transfert entre N$_2$ et le gulping, montrée dans la Figure 107. Utilisant cette fonction de transfert dans l'estimation du gulping d'un autre ensemble de données nous obtenons le résultat de la Figure 108.

En regardant le résultat d'estimer le gulping sous les hypothèses d'entrée simple (N_2) et de système linéaire, nous observons une approximation raisonnable quoique d'une pauvre précision. La principale remarque est le fait d'estimer un volume de gulping supérieur pour les phases de vol à haute vitesse de rotation tandis que le volume de gulping estimé est plus bas pour les phases de vol à basse pression. Cette remarque renforce l'hypothèse de non-linéarité du gulping face à N_2. En conséquence, nous allons continuer la modélisation du gulping suivant une approche de modèle hybride, mais toujours considérant le gulping dépendant seulement de N_2.

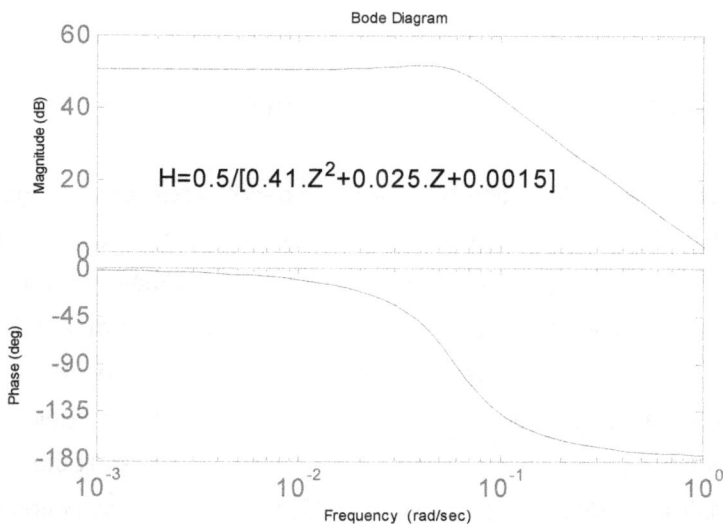

Bode Diagram

$H=0.5/[0.41.Z^2+0.025.Z+0.0015]$

Figure 107 Fonction de transfert du gulping fonction de N_2

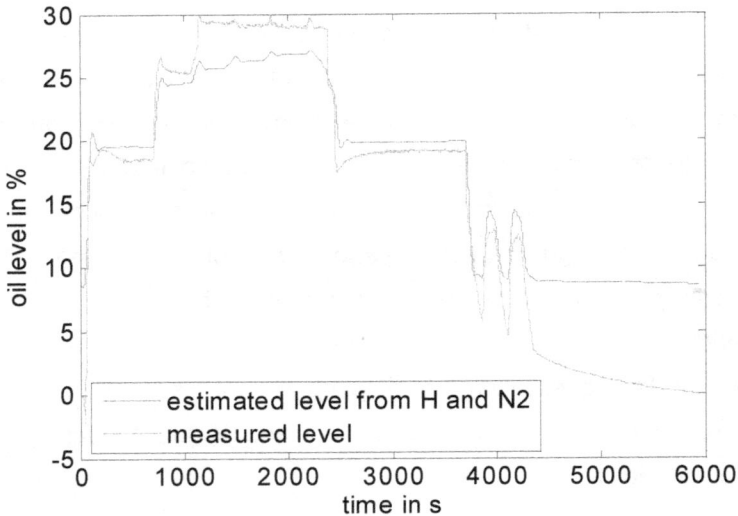

Figure 108 Volume de gulping estimé utilisant le modèle SISO

Modélisation du niveau d'huile au moyen d'un système hybride

Le procès de modélisation hybride a été décrit précédemment dans le Chapitre II consacré aux méthodes et méthodologies du diagnostic. En plus, cette méthode a déjà été appliquée auparavant dans le Chapitre IV consacré au diagnostic et pronostic du système de carburant. Dans le cas présent, nous allons procéder de façon parallèle à la modélisation hybride appliquée au modèle de l'actionneur hydraulique. D'abord, nous allons utiliser l'automate d'identification des phases de vol de la Figure 109 pour sélectionner les données de deux sous-modèles identifiés séparément : le sous-modèle associé au haut régime, et celui associé au bas régime. Ensuite, les données de chaque sous-modèle sont utilisées avec l'algorithme d'identification de systèmes RPM (reinitialized partial moments, voir Chapitre II). Les modèles obtenus composent un modèle hybride global du gulping, chacun linéaire et valide localement dans son point d'opération. Le switch entre les modèles est réalisé dans ce cas en utilisant l'identification de phase de vol, donc (voir section §4.3.4) :

$$\chi_i = f(N_2) \tag{111}$$

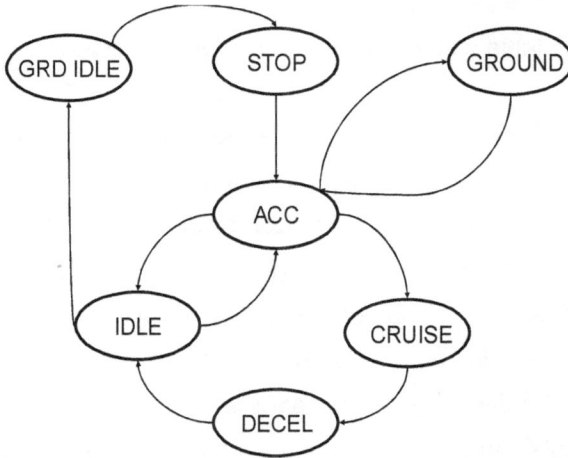

Figure 109 Automate d'identification de la phase de vol

Le modèle du gulping peut être combiné au modèle de l'effet thermique et au modèle de consommation moyenne estimée, obtenant ainsi un modèle globale du niveau d'huile. Ensuite, le modèle est présenté dans une architecture de surveillance à base de modèles.

5.4.5. Architecture de surveillance

Le circuit de carburant est surveillé principalement au moyen de deux variables : la température (section 5.4.1) et le niveau d'huile (section 5.4.2). La vitesse de rotation de la turbine haute pression (N_2) a été identifiée aussi comme une variable déterminante dans le système de lubrification, quoiqu'elle ne soit pas exclusive de ce système (voir section 5.4.4.2). D'autres variables, comme l'altitude et l'accélération de l'appareil, sont supposés d'affecter le système d'huile. Pourtant, l'influence de ces variables sur le niveau d'huile, qui est la variable à surveiller, est considérer négligeable.

La modélisation du niveau d'huile a été réalisée dans les sections précédentes en modélisant la consommation, l'effet de la température et le gulping. La combinaison de ces trois sous modèles nous fournit un modèle globale qui sera utilisé dans une approche à base de modèles pour la surveillance du niveau d'huile avec l'objectif de diagnostiquer les fuites ou consommations anormales. Le système a été modélisé en utilisant les données en banc d'essais, les données de la maintenance et la contribution des experts.

Les données présentées dans la section 5.4.1 sont utilisées pour fournir l'architecture des données réelles (niveau d'huile, vitesse de rotation et température du réservoir). La Figure 110 illustre l'architecture proposée pour la surveillance en-ligne du niveau d'huile. Les entrées du modèle sont la vitesse de rotation, la température du réservoir d'huile et la mesure du capteur de niveau.

La mesure de référence exprime en fonction du temps le volume initiale prenant en compte la consommation nominale estimée dans la section 5.4.3.

La Figure 111 montre l'implémentation du modèle réalisée en Matlab/Simulink. La variable '*oil_level_reference*' prend en compte deux variables :

- Le niveau d'huile théorique, en fonction de la consommation nominale estimée (C_N) et du niveau initial d'huile (V_0) (112)
- l'effet thermique de dilatation de l'huile en fonction de la température du réservoir (T_{huile}) (108)

L'effet thermique est normalement de signe négatif, c'est-à-dire, l'effet thermique augmente de forme fictive le niveau d'huile, car la dilatation thermique ne représente pas une augmentation réelle du volume d'huile consommable.

$$V_{huile} = f(V_0, C_N) \qquad (112)$$

$$V_{thermique} = f(T_{huile}) \qquad (113)$$

Le block modélisé comme '*gulping_model*' contient le modèle hybride du gulping pour les phases à haute vitesse et les phases à basse vitesse. Le gulping présente un effet positif sur le modèle global, car c'est un volume consommable qui n'est pas mesuré dans le réservoir.

Il faut signaler que l'initialisation du modèle est importante lorsque l'état initial du système n'est pas l'arrêt du moteur, car la température pourrait diminuer pendant le test au lieu de la considérer toujours plus grande que celle initiale. Ainsi, l'effet de dilatation deviendrait un effet de dilatation/contraction de l'huile. Pareillement, il faut prendre en compte que le gulping peut présenter un effet d'augmentation ou diminution du niveau théorique d'huile au cours du test dès que l'état initial n'est pas l'état d'arrêt.

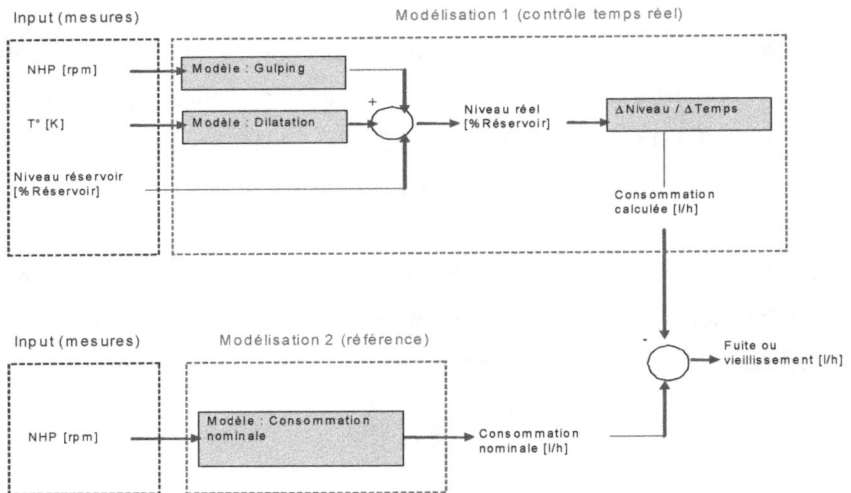

Figure 110 Architecture de la surveillance du niveau d'huile

La Figure 111 montre aussi le block du niveau d'huile mesuré en ligne (block en rouge). Ce block contient l'injection de défaillances en forme de dérive laquelle peut être ajustée pour simuler une dérive lente (vieillissement ou dégradation) ou une dérive rapide (fuite anormale). Les blocks en vert représentent les sorties fournies par l'architecture de surveillance à base du modèle. Finalement remarquer que les données enregistrées en banc d'essais utilisées dans le modèle sont enregistrées séparément en fonction de la phase de vol grâce à l'automate d'identification. Ainsi, nous obtenons des enregistrements qui pourraient être appropriées pour une analyse de la dégradation plus approfondie au sol une fois l'avion atterrit, potentiellement la phase croisière étant la plus longue et donc présentant une tendance plus facilement identifiable.

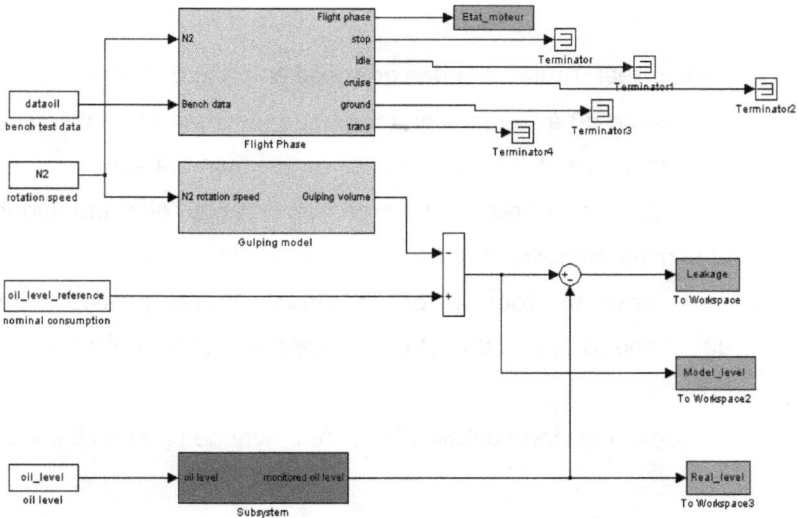

Figure 111 Implémentation de l'architecture de surveillance en-ligne du niveau d'huile.

Dans la figure ci-dessus : modèle d'huile (jaune), sorties de l'architecture (vert) et block d'injection de défaillances (rouge)

5.5. Résultats

5.5.1. Diagnostic des fuites

La Figure 112 montre la dynamique des variables du système d'huile décrites dans la section précédente face à un cycle type aéronautique :

- Niveau réel d'huile, pris des données en banc d'essais
- Le volume dû à l'expansion thermique, estimée en fonction de la température de l'huile du réservoir (section 5.4.4.1)
- Le niveau de référence, qui prend en compte l'effet thermique et la consommation estimée nominale en fonction du temps
- La vitesse de rotation de la turbine haute pression, qui détermine la phase de vol et utilisée aussi dans le modèle de gulping
- Le gulping estimée utilisant le modèle hybride (section 5.4.4.2)

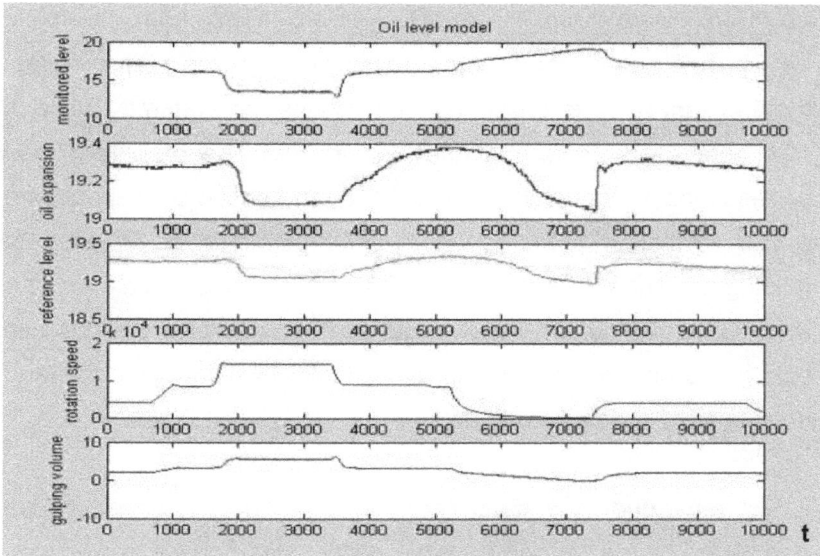

Figure 112 Variables en jeu dans le modèle du niveau d'huile

Les figures suivantes montrent les sorties fournies par le système de surveillance. La première sortie du modèle est la phase de vol. Les phases de vol sont identifiées comme :

- Phases permanentes : Arrêt (0), Ground, ou sol (1), Croisière (2) Ralenti (4)
- Phases transitoires : Grand idle (grand ralenti) (3), accélération (5) et décélération (6)

Rappelons que la phase de vol est une sortie du modèle, mais aussi une entrée du modèle de gulping. Ensuite, le modèle du niveau d'huile et le niveau d'huile fourni par le capteur sont représentés avec la différence entre les deux, donc le niveau de fuite estimé (leakage).

La figure à continuation illustre la sortie du modèle sans fuites, représentant ainsi le fonctionnement nominal du système d'huile. Il faut noter une petite manque de précision pendant la phase correspondant au régime 'grande idle'. Cette phase correspondante à l'arrête moteur présente une inertie thermique et un effet du gulping non linéaire spécial pour cette phase que le modèle arrive à suivre avec un certain retard. Pourtant, l'erreur n'est en tous cas plus grand de 2 litres, qui n'est pas considéré critique compte tenu en plus que l'appareil serait déjà au sol.

Il faut remarquer que dans ces exemples on peut observer une erreur de sortie en forme de pic au début des phases transitoires. Ces problèmes pendant le transitoires place notre méthode au niveau 3 de réussite, étant le niveau 4 le niveau maximum qui prend compte en plus des phases transitoires.

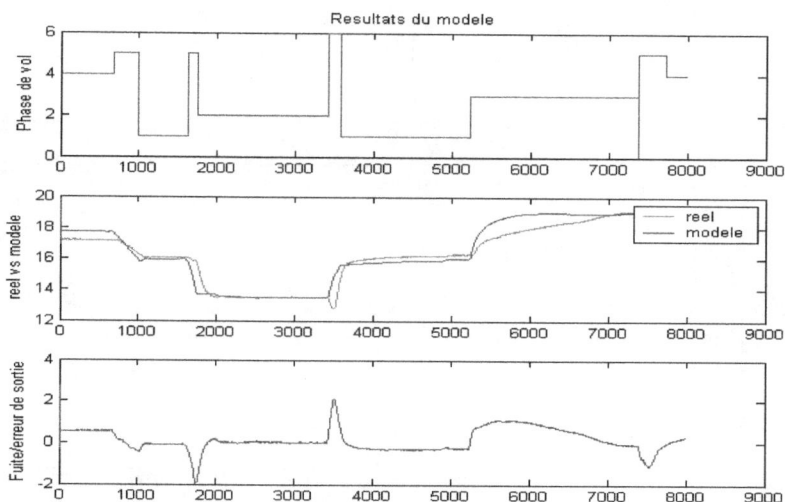

Figure 113 Sorties nominal de l'architecture de surveillance du niveau d'huile

La Figure 114 illustre les résultats pour le diagnostic à base de modèle pour un biais de 5 litres. La Figure 115 montre la réponse du système de surveillance face à une défaillance de type dérive avec une pente du 3%.

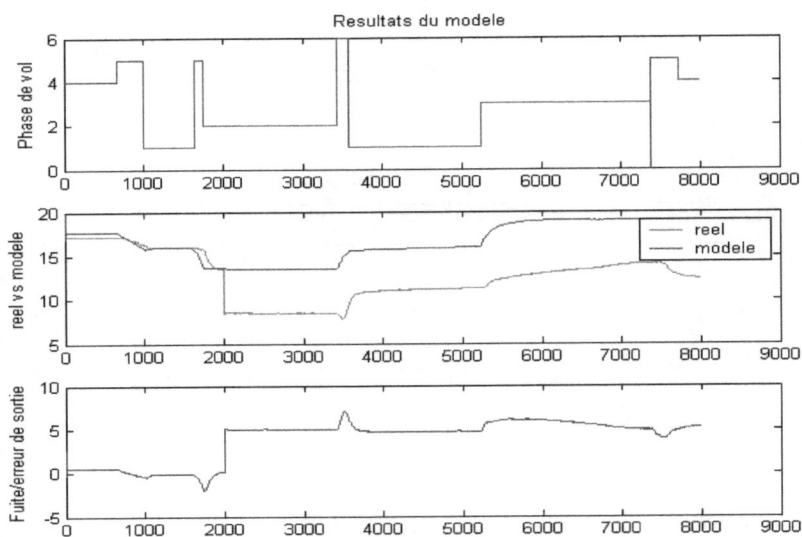

Figure 114 Sorties de l'architecture de surveillance du niveau d'huile pour une défaillance de type biais

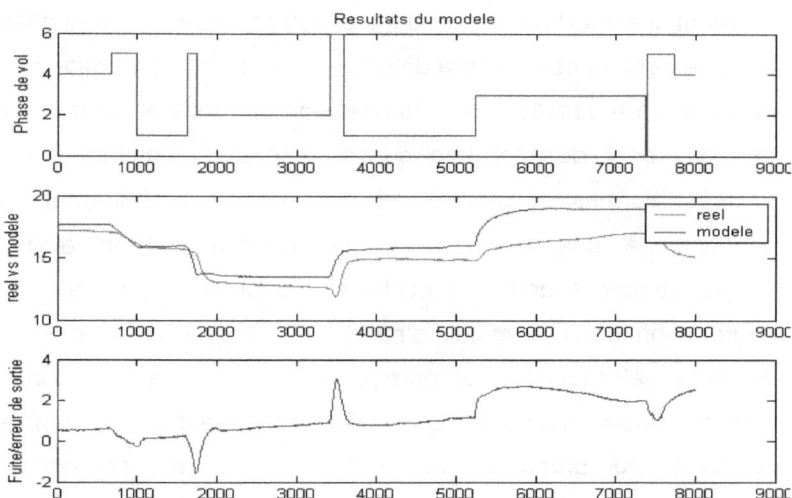

Figure 115 Sorties de l'architecture de surveillance du niveau d'huile pour une défaillance de type dérive

Deux paramètres doivent être ajustés dans ce modèle :

- Les paramètres d'injection de la défaillance : amplitude et temps d'apparition de la dérive
- Le seuil de détection

En plus, il faut fixer une limite entre une dérive rapide provoquée par une défaillance anormale et une dérive lente provoquée par une dégradation ou vieillissement. La caractérisation des défaillances combinée à l'identification du niveau critique nous conduira enfin au calcule du seuil plus approprié pour la détection des fuites tout en évitant les fausses alarmes.

Pourtant, il est fort probable que la dérive associée à la dégradation soit une dérive très difficile à détecter, en vue de la dynamique lente de ce type de défaillances et la précision du modèle. Fixer un seuil très bas pour détecter une dérive lente nous conduirait à des fausses alarmes constantes, et fixer un seuil plus haut nous conduirait à une détection de la dégradation trop avancée. Conséquemment, pour une meilleure approche du pronostic de la dégradation dans le circuit d'huile, nous proposons d'utiliser les données sélectionnées et enregistrées en vol dans l'algorithme *d'images linéaires paramétriques* (PLI) proposée dans le Chapitre III consacré au pronostic, et aussi appliqué au pronostic de défaillances de l'actionneur hydraulique dans le Chapitre IV.

6. CONCLUSIONS

Les compagnies industrielles sont aujourd'hui confrontées à une grande concurrence dans le marché pour accomplir les demandes de leurs clients en termes de service, qualité du produit et performance. La maintenance se trouve comme la clé de cette course vers l'objectif de fournir un service de qualité en conservant la viabilité du fonctionnement et la sûreté de fonctionnement. Les compagnies ariennes sont particulièrement concernées, car les opérations de maintenance représentent le 15% des coûts directs d'opérations. En outre, les opérations de maintenance non programmées sont la cause de délais, de cancellassions et de problèmes de sûreté de fonctionnement.

La solution pour attaquer ce problème passe par deux concepts : l'amélioration de la supervision et du diagnostic des défaillances et l'introduction de l'idée de pronostic de défaillances, ou PHM (Prognostic and Health Monitoring), dans le but de réaliser une maintenance adaptative des systèmes et des composants de l'appareil, autrement dit CBM (Conditioned-Based Maintenance).

Le travail que nous avons entrepris dans cette thèse répond aux besoins de diagnostic et pronostic dans le but de proposer une maintenance prédictive des composants les plus sensibles face à la maintenance classique, qui peuvent entraîner des problèmes de sûreté de fonctionnement ainsi que d'appréciables pertes économiques.

Nous avons voulu donner, dans un chapitre introductif, une vision globale de la complexité des moteurs d'avion, et des composants les plus sensibles pour contribuer à réaliser une bonne maintenance prédictive. Les études préliminaires consacrées à l'identification de ces composants, réalisés par nos partenaires aéronautiques, nous ont conduits à étudier en particulier le circuit de carburant, plus précisément les actionneurs responsables d'adapter la géométrie variable du moteur. L'autre équipement identifié critique vis-à-vis des opérations de maintenance est le circuit d'huile, plus précisément le niveau d'huile dans le réservoir.

Le diagnostic de ces composants a été envisagé en appliquant des techniques d'estimation de paramètres dans le domaine discret et continu. L'identification des modèles hybrides a été aussi étudiée en vue des fortes non linéarités typiques de ces systèmes. Particulièrement, l'identification de la phase de vol de l'appareil, au moyen d'un automate à événements discrets, a été révélée comme une variable importante dans l'étude de ces non linéarités, car elle nous sert à identifier les sous modèles appropriés dans chaque étape.

Dans le cadre du diagnostic, nous nous sommes ainsi intéressés au domaine de la théorie de l'information dans le but d'évaluer l'information des signaux fournis aux algorithmes d'estimation et prédiction. Un indice d'information a été proposé dans le but d'évaluer l'information fournie par les signaux d'entrée/sortie aux algorithmes de diagnostic; cet indice permet aussi de valider les données stockées dans l'historique pour leur utilisation dans le pronostic du vieillissement hors-ligne.

Lorsque il s'agit de prendre une décision concernant l'état supposé dans lequel un système se trouve, la théorie de l'information, et notamment l'entropie de l'information, peut être utilisée dans le but d'évaluer la fiabilité de la prise de décisions. Dans le cadre de l'entropie floue nous avons proposé un indice pour l'évaluation de la spécificité d'un ensemble flou comparé à l'ensemble référence dans la prise de décisions: le singleton. Les degrés d'appartenance nous informent de l'adéquation de l'ensemble des observations à plusieurs classes, et donc sur la validité de la décision à prendre. Les classes sont les états possibles connus de notre système, où les états de défaillance sont aussi pris en compte. Nous avons développé une méthode nouvelle, basée sur une extension de l'entropie floue, pour évaluer la fiabilité de la décision dans le cadre de travaux menés dans le même groupe de recherche sur le diagnostic et la supervision de processus complexes (biologiques, chimiques,...).

Cet indice d'entropie de l'information a été étendu vers la multi spécificité, où les variables identifiant l'état du système sont les paramètres estimés. La comparaison de ces paramètres au vecteur paramétrique définissant l'état nominal du système nous indique la perte d'information (dérive/biais du point nominal) obtenue du système au moyen des paramètres actuels. Ainsi, nous pouvons arriver à caractériser une défaillance en ne surveillant qu'un indice d'entropie des paramètres qui indique un changement dans la dynamique du système.

Nous avons abordé le problème du pronostic en réalisant d'abord une analyse des données en banc d'essais obtenues en tests de vie accélérés. L'analyse de ces données, au moyen d'outils tels que MINITAB ou des méthodes comme la méthode Anova, nous a aidé à l'identification d'indicateurs de vieillissement. La surveillance de ces indicateurs nous conduit à la caractérisation de la dégradation et la surveillance du vieillissement hors ligne. Dans ce but, nous avons proposé une méthode basée sur la définition des PLI, ou images linéaires paramétriques. Dans l'hypothèse d'un modèle variant dans le temps, la dérive des paramètres estimés d'un système indiquant un changement de la dynamique du système ne peut être associée qu'au vieillissement, dans l'absence de détection de défaillances. Alors, les paramètres du système sont des indicateurs pour la surveillance du vieillissement du système.

Ces méthodes ont été appliquées aux systèmes auparavant identifiés comme critiques. La méthode appliquée en ligne est l'estimation des paramètres discrets avec prédiction de sortie. Cette méthode présente une sensibilité face aux données fournies à l'algorithme. Ainsi, l'indice d'information a été utilisé pour évaluer la propreté des signaux. En plus, ce même indice nous a servi comme critère pour stocker les données qui seront ultérieurement utilisées hors ligne dans le but du pronostic. La méthode de détection et localisation montre aussi une incertitude lorsque la défaillance sur le système, notamment sur les capteurs, apparait sous forme de dérive. L'entropie paramétrique proportionne un indice pour évaluer la dérive des paramètres du système vis-à-vis de la dynamique nominale. Comme résultat, le diagnostic est plus robuste face aux incertitudes.

Comme alternative à la méthode discrète, nous avons aussi proposé une méthode de diagnostic à base de modèles. Compte tenu des non linéarités du système actionneur, le modèle proposé est dans le cadre des modèles hybrides. A ce propos, les sous-modèles composant le modèle global ont été identifiés au moyen des méthodes d'estimation de paramètres continus. Ce modèle hybride a été complété avec une fonction switch, défini au moyen d'un système à événements discrets qui prend en compte la phase de vol.

Les résultats obtenus avec l'approche discrète appuyée sur les indices d'entropie ont été plus satisfaisants, montrant une meilleure détection et localisation des biais et dérives, proportionnant ainsi une meilleure reconfiguration des signaux fournies au calculateur. La méthode à base du modèle hybride fournit une bonne sortie du modèle. Cependant, la sortie du modèle hybride n'est toujours assez précise pour un diagnostic propre. Ce problème pourrait être régler en identifiant pus de sous-modèles arrivant ainsi à obtenir une bonne précision du modèle global. En outre, fixer un seuil de détection devient plus imprécis dans le cas du diagnostic à base de modèle hybride que dans l'approche discrète.

Finalement, il faut remarquer que justement a été l'identification de sous-modèles d'un modèle global qui nous a fournit le premier approche vers le pronostic. Dans la théorie des modèles hybrides, la dynamique du modèle change en fonction du point de travail du système. Partant de l'hypothèse de système non défaillant, si la dynamique du système change avec le temps, la seule variable enjeu est la dégradation du système. Cette hypothèse de système variant dans le temps nous fournit la base pour proposer la méthode des PLI. Cette méthode a montré des résultats très encourageants appliquée sur des données obtenues en tests en banc d'essais. Les points paramétriques, ou images linéaires, ont montré une bonne surveillance de la dégradation sur les défaillances de biais de la servovalve et l'usure interne (image linéaire continue) et sur la dégradation des capteurs (image linéaire discrète), quoique les données utilisées représentent qu'un quart de la vie utile du système.

Concernant la surveillance du niveau d'huile, nous avons modelé le niveau d'huile en prenant compte de l'effet thermique, la consommation, et notamment l'effet du gulping. L'effet du gulping montré de non-linéarités en fonction de la phase de vol. Alors, le modèle du niveau d'huile a été présenté aussi dans le cadre des modèles hybrides. Le modèle obtenu montre de bons résultats dans le cadre d'un diagnostic à base de modèles. Sur un réservoir de 30-40 litres, la précision de notre modèle est d'un litre/h. Cette précision est considérée propre car le but du diagnostic en ligne du niveau d'huile est la détection de fuites anormales, lesquelles sont censées être supérieures à un litre/h. Le vrai but de la surveillance du niveau d'huile est la détection de la dégradation du système de lubrification. Le système sera considéré plus dégradé lorsque la consommation d'huile soit biaisée de celle nominale. A ce propos, la méthodologie des points paramétriques ou images linéaires dans sa version discrète (paramètres estimés au moyen des méthodes discrètes) est appliquée aux ensembles de données obtenues en preuves de vie sur banc d'essais. Les résultats montrent une légère tendance entre les images linéaires appartenant à différentes heures de vol accumulées. Pourtant, il reste à confirmer que cette tendance sera détectable sur des tests de plus longue durée.

Les méthodes proposées pour système de carburant dans les cadres du diagnostic et du pronostic sont en ce moment en phase de validation pour notre partenaire Groupe Safran utilisant de tests statistiques basés sur des simulations massives. Les méthodes proposées pour le système d'huile restent aussi en phase de validation pour le partenaire TechspaceAero.

Finalement, nous allons continuer à travailler sur la formalisation des méthodes décrites et présentées dans ce travail de thèse.

7. REFERENCES

Akbaryan F., Bishnoi P.R., Fault diagnosis of multivariate systems using pattern recognition and multisensor data analysis technique. Computers and chemical engineering, Elsevier, 2001

Botta-Dukat, Zoltan. Rao's quadratic entropy as a measure of functional diversity based on multiple traits. Journal of vegetation science 16, 533-540 (2005)

Brotherton, T., Jahns, G., Jacobs, J., Wroblewsky, D. Prognosis of faults in gas turbine engines. IEEE, 2000

Byington, C. S., Roemer, M.J., Galie, T. Prognostic enhancements to diagnostic systems for improved conditioned-based maintenance. IEEE, 2002

Capocelli, R., DeLuca, A. Fuzzy sets and decision theory. Information and control, 23 pp. 446-473, 1973

Chowdhury, F.N, Chen, W. Fault detection in dynamic systems: a new approach via total measurable fault detection. IEEE Conference on Systems and Control, 2007

Correcher, A., Diagnostico de fallos intermitentes en procesos industriales basado en modelos de eventos discretos. PhD Departmenet of systems and automatics engineering, UPV, 2006.

Correcher, A., Garcia, E., Morant, F., Quiles, E., Alvarez, R. (2005)

Modelling Intermittent Failures for preventive maintenance improving. IEEE conference on Decision and Control.

Crouder, M-J., Kimber, A-C., Smith, R-L., Sweeting, T-J. Statistical analysis of reliability data. Chapman & Hall, 1991

Cullman, G. Eléments de calcul informationnel. Bibliothèque de l'ingénieur électricien-mécanicien. Ed. Albin Michel, 1968

DeLuca, A., Termini, S. Entropy of L-fuzzy sets. Information and control, 24, pp.55-73 1974.

DeLuca, A., Termini, S.A definition of a non probabilistic entropy in the setting of fuzzy sets theory. Information and control, 20, 301-312, 1972

Diez-Lledo, E., Aguialr- Martin, J. Diagnostic et pronostic de défaillances en moteurs d'avion. Rapport intenr LAAS-CNRS, 2005-2006Rapports TATEM

Diez-Lledo, E., Aguilar-Martin, J. Diagnostic de défailalnces sur des capteurs dans un motear d'avion, 2003 rapport DEA

Dinhabandhu Bahandari, Nikhil R. Pal and D. Dutta Majumder. Measurements of discrimination and ambiguity for fuzzy sets. Electronics and communication science unit. IEEE 1992

Drexel, M., Ginsberg, J-H. Mode isolation: a new algorithm for model parameter identification. Journal of the acoustical society of America, vol.110, n°3, pp1371-1378, 2001

Engel, S., Gilmartin, B. Prognostics, the real issues with predicting life remaining. Proceedings of the 2000 IEEE Aerospace conference; 0-7803-5846-5

Frelicot, C. A fuzzy-based prognostic adaptive system. RAIRO-APII-JESA, journal europeen des systèmes automatisés, vol 30, n° 2-3, pp -281-299, 1996

Gentil S., Celse B., Charbonnier S., Cocquenmpot V., Hamelin F., Lesecq S., Maquin D., Montmain J., Ragot J., Sauter D., Supervision des procédés complexes, Lavoisier, 2007

Groer, P-G. Analysis of time-to-failure with a Weibull model. Proceedings of the maintenance and reliability conference, MARCON, 2000

Hahn, H., Piepenbrink, A., Leimbach, K-D. Input/output linearization control of an electro servo-hydraulic actuator. IEEE 1994

Hernandez H., Supervision et diagnostic des procédés de production d'eau potable. Thèse de doctorat, INSA de Toulouse, 2006

Knopfmacher, J. On measures of fuzziness. Journal of Mathematics

Analysis Applications. 49, 529-534 (1975)

Koivo H.N., Artificial neural networks in fault diagnosis and control. Engineering Practice, vol. 2, n° 1, 1994

Kosko, B. Fuzzy entropy and conditioning. Information Sciences, vol. 40, pp.165-174, 1986

Kourti T., Process analysis and abnormal situation detection: from theory to practice. IEEE Control Systems magazine, vol 22, n°5,2002

Landau, I.D., Lozano, R. Adaptive Control, Ed. Springer, 1998

Lewis, F.L. Optimal estimation with an introduction to stochastic control theory, John Wiley and sons, New York, 1986

Liu, J.S., Chen, R. Sequential Montecarlo methods for dynamical systems. Journal for American statistical association, vol 93, pp 1032-1044, 1998

Ljung, L.. Systems identification: theory for the user. Prentice-Hall, 2nd edition, 1999

Meeker, W-Q., Escobar, L-A. Statistical methods for reliability data. Wiley series in probability and statistics. John Wiley & sons, inc. 1998

Muller, A., Suhner, M-C., Iung, B. Maintenance alternative

integration to prognosis process for system performance optimization-oriented decison-making. IMS'04

Ogata, K. Modern Control Engineering. International Edition, Prentice-Hall International, INC, 1997

Pal, N., Bezdek, J-C.Several new classes of measures of fuzziness , Proc. IEEE Int. Conf. on Fuzzy Syst., 928-933, Mar. 1993

Palm, W-J. Model, Analysis and Control of Dynamic Systems. John Wilwy & sons, INC, 2000

Ponsati, E. Fiabilidada industrial. Edicions UPC-ETSEIAT, 2001

Rao, C.R. Diversity and dissimilarity coefficients: A unified approach. Theor. Popul. Biol. 21, 24-43 (1982)

Roemer, M-J., Byington, C-S., Kacprzynsky, G-J., Vachtsenavos, G. An overview of selected prognostic technologies with reference to an integrated PHM architecture

Sarkka, S., Vehtari, A., Lampinen, J. Time series prediction by smoother Kalman with cross-validated noise density. IEEE, International Joint Conference on Neural Networks (proceedings) pp. 1615-1619

Schomig, A., Rose, O.. On the suitability of the Weibull distribution for an approximation of the machine failures. Proceedings of the

2003 industrial engineering research conference

Shannon, C-E. A mathematical theory of communication. The Bell System Technical Journal, vol.27, pp. 379-423 (1948)

Simani, S., Fantuzzi, C., Beghelli, S. (2000) Identification and fault diagnosis of nonlinear dynamic process using hybrid models. Proceedings of the 39th IEEE Conference on Decision and control

Simani, S., Patton, J. (2003) Fault diagnosis of non-linear dynamic processes using identified hybrid models. (IEEE)

Simon, G., Lendasse, A., Cottrell, M., Fort, J-C., Verleysen, M. Double quantization of the regressor space for long-term time series prediction : method and proof of stability. Elsevier, Neural Networks 17, pp. 1169-1181 (2004)

Spizzichino, F. Subjective probability models for lifetimes. Chapman & Hall. 2001
Trillas E, Riera T, (1978) Entropies in finite fuzzy sets. Information Sciences 15, 2,
pp. 159-168.

Trillas E, Sanchis C (1979) On entropies of fuzzy sets deduced from metrics. Estadistica Española 82-83, pp. 17-25

Trillas, E., Alsina, C. Sur les mesures du dégrée du flou. Stochastica, vol.III pp. 81-84, 1979

Wells, D.L, Iversen, E.K., Davis, C., Jacobsen, S.C. An investigation of hydraulic actuator performance trade-offs using a generic model. IEEE 1990

www.ingramcontent.com/pod-product-compliance
Lightning Source LLC
Chambersburg PA
CBHW021032210326
41598CB00016B/991